ちくま新書

農本主義のすすめ

宇根 豊
Une Yutaka

1213

農本主義のすすめ【目次】

はじめに

田んぼで草とりの手を休めて腰を伸ばすと、精霊とんぼ（赤とんぼ）の群れに囲まれていました。こんな時には「百姓していて、よかった」と感じます。

ここには農の本質が現れていますが、現代社会では農の表面だけに眼が向いています。しかも、どうしたら農を進歩・発展させることができるかに関心は集中し、農の経済価値ばかりが取りあげられることになります。そして、他産業並みの所得さえ手に入ればいいんだ、と言われ続けてきました。

そもそも農を進歩・発展させる、という発想自体がまちがっています。農とはそういうものではありません。

若い頃から、ずっと疑問に思っていました。規模を拡大し、生産効率を上げることがほんとうに農にとって、いいことなのかと。農の近代化によって生きものが減り、百姓ならではの情愛が薄れていくのは、何かがおかしいと感じていました。しかし、「農とは、いったい何なのか」「農にとって、いちばん大切なものは何か」などと考えることはなく、そういう思考法を教えてくれる人もいませんでした。

その農の大切なものを体でつかんだのは、三九歳で百姓になってからです。つかんでみて、わかりました。他人に伝える必要などどこにもないものです。百姓はじっと抱きしめていればいいものです。これまで表現されてこなかったのも無理もありません。しかも、これは外からのまなざしでは見えないものです。これまで農学の対象とならなかったのも当然です。

そこでふと「農とは人間が天地と一体になることだ」と語っていた百姓がいたことを思い出しました。そうか彼らは、農の大切なものを「農の本質（原理）」と呼び、必死で表現しようとしていたんだ、とやっと気づいたのです。彼らは農本主義者と呼ばれていました。昭和初期のことです。とくに「農（の本質）は資本主義に合わない」という発見は、今日から見ても、あらためて驚き、感嘆します。しかし、農本主義はもう百姓にすら忘れ去られています。

よし、それでは彼らにならって農の本質を、百姓の内からのまなざしでつかんで、いつか書いてみようという気で、百姓を続けてきました。この本は私の百姓体験と、若い頃やっていた農業改良普及員の外からのまなざしと、さらに百姓しながら励んだ「農と自然の研究所」の活動成果を土台にしています。まちがいなくこの本の内容や表現は、これまでの農業論の常識を根底から揺さぶることになるでしょう。農の価値は「食料生産」にあるのではなく、在所で、天地自然の下で、百姓として生きていること自体にあります。その百姓の生が社会の母体となっているのです。言葉を換えれば、「農とは天地に浮かぶ大きな舟」なのです。この舟には、百姓も百姓でない人も、生きものや風景や農産物も、祭りや国家や神も乗っています。

「農本主義」という言葉は、初めて耳にする人が多いでしょう。

現代でも「新自由主義」とか「イスラム原理主義」などという「主義」はよく耳にします。これまでは「思想」や「主義」と言えば、外来のもので、しかも知識人から生まれたものでした。しかし、農本主義は、ひとりひとりの百姓が、自ら見つけた「農の本質（原理）」を、これだけは捨てることはできないものとして示すのです。はたして百姓から生まれた「農本主義」に耳を傾けてくれるだろうかと心配でした。ところが、若い人は、百姓でない人も「農本主義って、案外面白い見方ですね」と言ってくれます。

団塊世代より上の世代の人には、農本主義と聞くとファシスト、超国家主義という印象があるかもしれません。それは戦後になって張られたレッテルに過ぎません。彼らが百姓しながら、自分の体と頭で紡ぎ出した表現の魅力に触れてみてください。

なお、農本主義者の引用は、私の言葉に言い換えているところもいっぱいあります。どこまでがかつての農本主義者の考えで、どこが私の思想なのか、境界がわからなくなっているのは、時空を超えて農本主義の代弁者になろうという工夫です（原典からの引用をそのまま読みたい方は、拙著『愛国心と愛郷心』『農本主義が未来を耕す』を開いてください）。

田植えして四五日も経つと、村全体がおびただしい精霊とんぼ（赤とんぼ）に包まれます。畦で一服しながら、毎年この風景を眺めていると、ほんとうに天地は有情（生きもの）で満たされていると感じます。こういうひとときを私は引き継いできたし、さらに引き継いでいこうと思っています。こうした心情を大切にする農本主義の世界をこれから案内します。

序章

生の蹂躙

——百姓から見た現代社会のおかしさ

1　百姓の百年間の違和感

†驚くべき思想

もう村の中に田んぼを耕す牛も馬もいません。私は牛の代わりに、耕耘機に引かれるように田んぼを起こしていきます。「便利になった」と思いますが、牛の顔をのぞき込むこともなく、牛の餌を刈りに出かけることもなくなりました。ふと気づくと、去年から耕すことをやめた近所の田んぼが草ぼうぼうになって、前方に迫ってきます。村を囲んでいる山の斜面も、廃園になったみかん園に竹林が広がるばかりです。田んぼに出ても、人影を見ることもほとんどありません。まして子どもの姿など、どこにもありません。

ひょっとすると、弥生時代にこの村で農が始まってから、いちばん百姓の気持ちが萎えて、いちばん農地が荒れ、いちばん里の風景が壊れ、いちばん生きものが少なくなっている時代なのかもしれません。百姓のくらしがよくなり、村が栄えると思ってやって来たことが、根本的に間違っていたのではないかと、感じる毎日です。

社会の発展方向が、農とそぐわないという感覚は近年のことではありません。かつて「近代化、資本主義化は、農が歩むべき道ではなかった」と感じた百姓がいました。彼らは「農本主義者」と呼ばれていました。すでに大正時代から昭和初期にかけて、かつての農本主義者たちも同様に、感じていたのです。当時、驚くべき思想が、村の中の百姓から生まれていました。その代表的な発言とは、

農は資本主義に合わない。なぜなら天地自然を相手にしているからである。（橘孝三郎）

というものです。当時は資本主義を批判する思想としては社会主義が脚光を浴びていましたが、しょせん外来のしかも百姓以外から持ち込まれたものでした。農本主義者たちは百姓仕事・百姓ぐらしの中から、資本主義への違和感と嫌悪感を思想に仕立てて、社会を牽制しました。そのために彼らは「農とは何なのか」を懸命に考えたのです。彼らの危機感は並大抵のものではありません。

しかし「なぜ農は資本主義に合わないのか、なぜ近代化してはいけないのか」と考える百姓は少数派でした。現代でもそうです。百姓なら誰でも、村の中で天地自然に抱かれて、静かに生きて死んでいくことを願うのが普通です。それなのに、かつての農本主義者の一

部は、自分の幸せを捨てて、資本主義の打倒を目標に定め、革命へと走り出します（五・一五事件）。しかし、百姓にテロができるはずもなく、みごとに挫折し、戦後になると顧みる人はいなくなりました。

あれからもう八〇年以上も経ちました。昭和初期には国民の半分を占めていた百姓も、現代ではたったの二％です。かつては国富の半分を占めていた農業生産額は、今ではGDPの一％に過ぎません。しかしこういう数値では、農のほんとうの危機は見えません。農の危機が百姓だけの危機なら、保護や補償などで対策すればいいでしょう。しかし農が社会の母体であるのなら、危機は私たちの社会の土台を侵食していることになります。

†農本とは何か

意外なことに昭和初期の農本主義者は「農本主義」という言葉をあまり使っていません。橘孝三郎は「農本」という文字を用いたくなかった理由を、「人々の意識は時代の支配を受けているので、土から湧き出た思想には目を向けない」からだと言っています。現在でもそうでしょう。村で、百姓によって、土から生まれた思想など、仮にあったとしても、それは百姓の個人的な世界だけに通用するものだと思う人がほとんどです。思想とはいつも村の外から、しかも百姓からではなく、知識人から生まれるものだと思われています。

ところで橘孝三郎は「農本」という言葉を使うときには、次のように使っています。

人間は天地自然のめぐみを、農を本として受けることなしに生存しえなかったのであり、未来永劫にそうであろう。（『農本建国論』昭和一〇年）

私はこの「農を本（母体）として」という使い方に感動します。彼が言う「天地自然のめぐみ」とは「食料」だけではなく、そこで働くことも、自然環境も地域社会も伝統文化も含まれます。橘はよく「めぐみ」という言葉を使います。ここに農本主義者のまなざしの特徴が現れています。この天地自然のめぐみは、農が土台（本）にあるから受け取れる、受け取る農があるから「めぐみ」となるという表現は重要です。これこそ「農本」という言葉のいちばん深い使い方で、資本主義社会が見失おうとしている人間の本来の感覚です。

これまでも為政者が口にしてきた「農は国の本である」というような言葉には、こういう感覚がまったくありません。そこには、資本主義や近代化に対峙しようとする気概は微塵もなく、農を外から高みから見下ろした形骸があるだけです。

†明治期までさかのぼる

この農と近代化がそぐわない原因をさがすなら、明治初期まで遡らなくてはなりません。もちろんそれまでも、百姓は仕事に励み、さまざまな改良を重ねてきました。しかしそれは内発的なものでしたから、劇的に変化することもなく、また天地自然が激変することもありませんでした（田んぼの反収は江戸時代を通して、たいして増えていません）。

ところが、明治時代から始まった「近代化（文明開化）」は外発的なものです。百姓が望んで始めたものではありません。たとえば、江戸時代までは百姓は「害虫」という言葉を知りませんでした。この言葉は明治期になって、害虫を駆除する技術を普及するために、農学者が村に持ち込んだ新しい概念です。しかし、なかなか「駆除・防除」という考え方が受け入れられなかったのは、それまでは天地のめぐみはもちろんのこと、災いも引き受けてきたからです。ところが引き受けなくてもいい天地もある、つまり自然の脅威からのがれる技術こそが、農業を飛躍的に発展させるのだと主張する外発的な新しい思想が輸入され、それを普及させる国家が現れたのです。

今では彼らの言い分が社会の主流です。農業とは、「自然の制約」を科学技術の力で克服して、カネになる生産を増やすことが使命であるかのように思われています。農業は他産業と比べて遅れていると批判されないように、もっともっと生産性をあげて、農業だって「成長産業」になれるんだと証明してくれ、と尻を叩かれています。

しかし、ここでもう一度立ち止まって振り返らねば、危機の深さは見えません。なぜなら、近代化（資本主義化）が村々におよび始めたのは、明治末期になってからですし、本格的に百姓仕事の中に入り込んできたのは戦後のことです。さらに百姓の暮らしと精神にまで浸透し、価値観を大転換させたのは、一九六〇年代だったのです。

たとえば昭和四〇年頃までは、百姓は稲や野菜を「つくる」とは言いませんでした。もっぱら「とれる」「できる」と言っていたのです。「今年は米がよく穫れた。よくできた」と言うことはあっても、「うまくつくった」とは言いませんでした。それを変えたのは資本主義が百姓の天地自然との関係にまで影響を及ぼすようになったからです。百姓仕事が農業技術に入れ換わっただけでなく、精神までもが変化したのです。

農の産業化は、とうとう百姓の心理を、天地からのめぐみをいただく次元から、自然の制約を克服して、食料を「つくる」段階にまで進歩（変質）させたのです。ここまで来るのに一〇〇年かかったのですが、大きな間違いを犯したのではないでしょうか。

間違いは風景に見事に現れています。渡辺京二の『逝きし世の面影』（平凡社ライブラリー）は江戸末期から明治初期に日本を訪れた外国人の目にとまった日本の姿を分析したものです。私たちはありふれた日常のことは、現代でも書き留めません。とりわけ毎日見ている村の風景など、書き留める必要はありません。野辺に出ればわかるからです。

それに百姓は風景そのものよりも、風景から天地自然のメッセージを読み取ることに長けています。緑したたる田んぼの風景を見ても、「少し肥料が足りなかったかな」と思い、仕事に結びつけますが、葉の色の輝きを表現することはありません。ただ感じて心に抱きしめ、そして忘れるだけです。しかし外国人はちがいました。そのひとつひとつに感動し、書き留めているのです。この本の中から渡辺京二が「彼らは、当時の日本人の自然と親和する暮らしぶりにおどろきと賛嘆を禁じえなかった」として紹介しているところを引用します。

†風景の変化

日本人は何と自然を熱愛しているのだろう。何と自然の美を利用することをよく知っているのだろう。安楽で静かで幸福な生活、大それた欲望を持たず、競争もせず、穏や

かな感覚と慎しやかな物質的満足感に満ちた生活を何と上手に組み立てることを知っているのだろう。（ギメ）

日本人は自然が好きだ。ヨーロッパでは美的感覚は教育によってのみ育み形成することが必要である。ところが日本の農民はそうではない。日本の農民にあっては、美的感覚は生まれつきのものなのだ。たぶん日本農民には美的感覚を育む余裕がヨーロッパの農民よりもあるのだろう。というのも日本の農民はヨーロッパの農民ほど仕事に打ちひしがれてはいないからだ。（ヒューブナー）

明治一一年に日本を訪れた英国人女性イザベラ・バードは、一人の日本人の青年を通訳に雇って、毎日馬を乗り継ぎ、東北地方を旅行しました。その旅行記が世評高い『日本奥地紀行』（平凡社ライブラリー）です。この本には当時の村の美しい風景があふれています。彼女はこの本の最後で、隅々まできれいに耕されている田畑の風景を称えて「草ぼうぼうのなまけ者の畑は、日本には存在しない」と断言しています。

もちろん現代の百姓である私たちも決して怠けているのではありませんが、田畑も山林も荒れています。日本国家と百姓は、大切なものを一〇〇年かけて捨ててきたのです。その原因に気づくのが農本主義者の「感覚」なのです。風景は、農が無償で国民に提供してきたものの代表です。風景の危機に心を痛める心情は農本主義の再生を促してやみません。

†自給vs分業

かつての九州の私の村には水車があり、米を搗いていました。紺屋があり、糸を染めていました。小さな雑貨屋があり、文房具や食器や金物を購っていました。豆腐屋や酒屋もありました。そして海が近い私の村では塩は浜辺で炊いて自給していました。この「自給」という言葉が村に入ってきたのは、自給が壊れだして、「自給も大切だ」と言い始めたからです。それまでは「自給」は当然のことでしたから、ことさらに「自給」などとは言いませんでした。

今ではほとんどが「分業」になり、酒も塩も服も購入し、土木工事や大工仕事は外注します。それは、分業しないと商品が売れず、経済活動が活発にならないからです。つまり、農以外の他産業が発達しなければ、資本主義が発達せず、社会の近代化が遅れるからです。もちろん、村でくらしている分には、手で汲んでいた井戸にポンプをつけたからと言って、資本主義の発達に寄与したとは考えないでしょう。それでも水を汲む手間暇が省けたから、その省いた手間暇を他の労働に振り向けることができるなら、経済活動が活発になります。

このようにして、資本主義化（近代化）はいかにも内発的なもののように、欲望を目覚めさせ、かき立てたから成功したのです。

しかし、分業化は、農の本質を破壊してきました。今では、稲の苗を買ってきて、田植機で植える百姓がほとんどです。しかし、自分で植えるのはまだいい方で、田植も委託している百姓も多くなっています。分業化はまだまだ進展していくでしょう。なぜなら、日本国家がそれを推進しているからです。日本政府が好きな「農業を成長産業に」というスローガンは、食べものだけでなく仕事やくらしの自給を放棄し、分業をさらに徹底させるということです。

†時間という尺度

友人の百姓の話です。父親が、夕方家路につくときに回り道して、もう一度田んぼによって帰るというので「朝見て、昼も見てるんだから、夕方見ても変化はないだろう、それよりも早く帰ろう」と不満を漏らしたそうです。すると父親から「おまえは子どもの顔を昼見たから、寝る前は見なくていいと思っているのか、寝る前にまた見るだろう」と反論されたというのです。

友人は「まいった」と感じたそうです。しかし、こうした情愛は現在では軽視されるどころか、馬鹿にされ始めています。作物を見て回る作業は、観察する労働になり、変化がないなら、省く方がいいのです。可能なら自動撮影のカメラでも代替がきくものになりつつあります（衛星画像で代替するシステムもあります）。

それまでの百姓は、つぎ込めるものなら限りなく情愛を注ぎ込み、手入れに励んできたものです。ところが、現代ではそれでは「経営感覚に欠ける」と酷評されます。労働時間という新しい感覚が浸透したからです。

百姓仕事に没頭していて、気がつくと日も傾いています。時の経つのも忘れ、家族のことも忘れ、まして経済性や生産性などの意識はどこにもありません。こうしたもっとも百姓らしい境地を、「労働時間」の概念は興ざめなものにしてしまいます。農の一番豊穣な世界を抱きとめるのではなく、捨ててしまえと奨励されているかのようです。

たぶんこう言うと「趣味でやってるならいいが、産業としてはまずい」と反論されるでしょう。その通りです。農の一番大切なものが「趣味・遊び」に見えるのが現代の特徴です。まともに評価する道すじをつくることに失敗したから、労働時間を拒否する世界を、趣味や遊びに追いやるしかないのです。そのくせに産業化できない「職人芸」には、さらに丹精を求めるのですから、あきれます。

農はかつて、職人技の世界に似ていました。しかし、日本という国家は、農を産業化して、労働時間や生産性などの資本主義的な尺度を持ち込み「近代化」に成功したと思いこんでいます。農本主義者はずっとその虚妄を批判し続けてきたのです。

2 農業と農のちがい

†農は、農業になった

「農業は国民の食料を生産する大切な産業である」と言われると、べつに何も間違ってはいないと思う人がほとんどでしょう。じつは、こういう言い方をするようになったのは、最近のことです。

まず日本政府が本格的に「食料自給率の向上」を政策目標に掲げ始めたのは、平成一二年からですし、食料自給率の統計をとり始めたのは、昭和四〇年からのことです（昭和四〇年の食料自給率はカロリーベースで七三％で、平成二六年は三九％です。なおカロリー計算は昭和六二年に始まったので、この価はさかのぼって計算したものです）。ここまで食料の自給率が下がってしまったから、「農業は食料を生産しているんだ」とことさらに叫ばねばならなくなったのです。

ただ、こういう言い方の原型を遡ってさがすと、大正末期にまで至るのも事実です。この時期に、工業生産額が農業生産額を上回るようになったのです（少し後の統計ですが、昭和五年の工業生産額約二九億円は、農業生産額約二二億円より多くなっています）。

経済価値ではとうとう農業は主役の座を追われました。そこで食料の経済価値ではない「命の糧」という価値を、当時の農本主義者たちが言い出したのです。

しかし、江戸時代までは、農業の価値は領主側から見るなら年貢つまり税金として大切だったわけですし、百姓の側からは「生業（なりわい）」だから大切だったのです（明治中期までは、百姓が納める税金［地租］が国税の過半を占めていました）。

「生業」の本来の意味は、五穀が豊かに実るようにする営みことですが、やがて「生きていくための仕事」、という意味になりましたが、ここに農の大切な価値が眠っています。農とは基本的に「生業」であり、天地のめぐみを受けとりながら、在所で生きていくことです。

百姓は生きていくために田んぼを耕します。それは米を穫るためだけでなく、天地自然を守るためでもあり、村の共同体を支えるためでもあり、みんなの精神世界を共有するためでもあるのです。そこで農と農業の関係をはっきりさせると左上の絵のようになります。

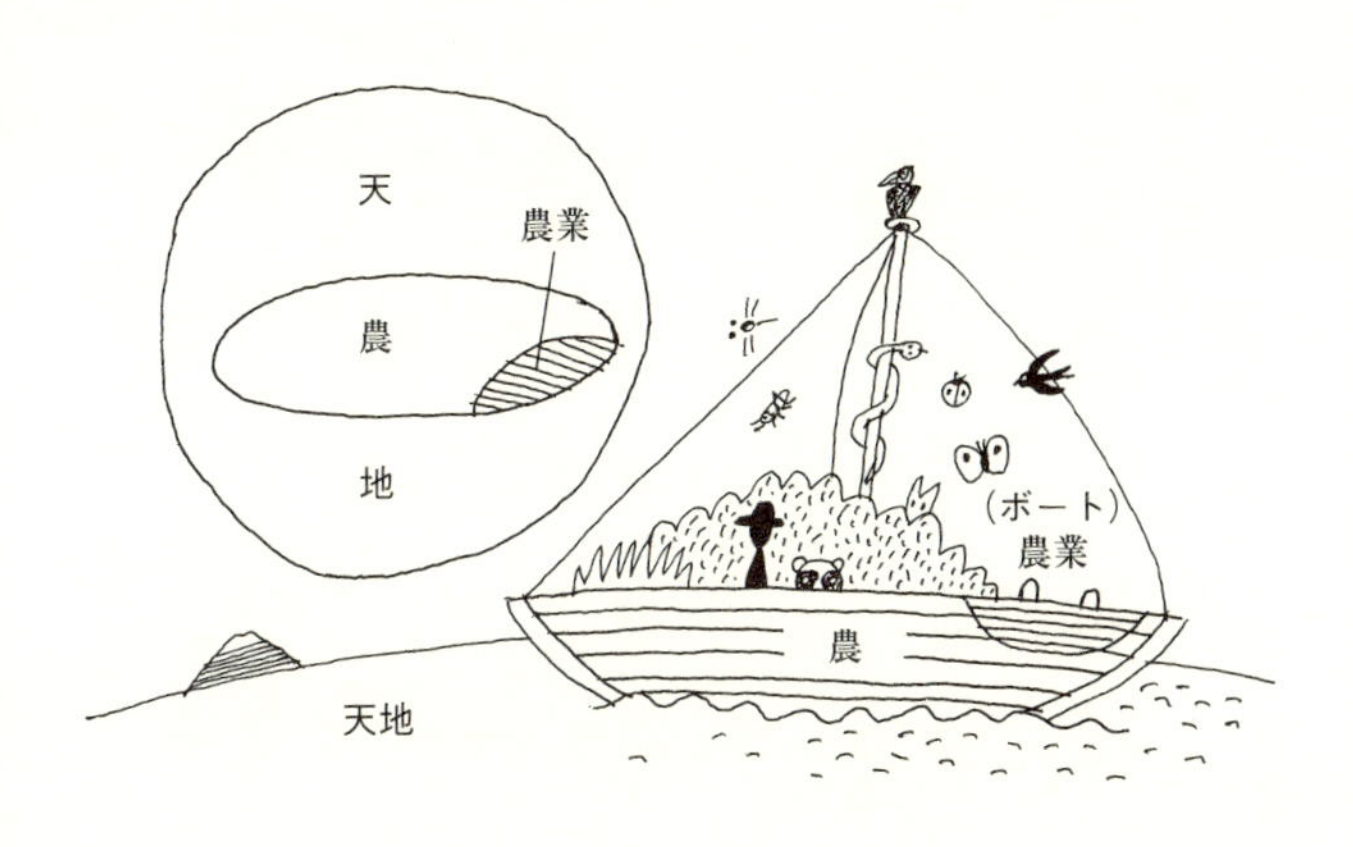

「農業」とは、農のうちの産業部分、つまりカネになる部分です。農のごく一部でしかありません。私は農は、天地自然の中にゆったり浮かぶ大きな舟だと思います。この舟には、人間も生きものも、そして「農業」(絵ではボート)も乗っています。舟のことを忘れ果てた農業ではいけないでしょう。舟に気づくなら、舟を浮かべている天地自然の豊かさや美しさにも目を向けることができます。資本主義とは「農業」にばかり注目させ、農という舟と天地自然を見失わせようとしています。

私たちは農業というボートに乗っているのではなく、農という舟に乗っているのです。

†「草とり」と「除草」のちがい

もう少し、具体的に説明してみましょう。私たち百姓ですら、「草とり」よりも「除草」の方が、進んだ響きを持っていると感じるようになっています。「草とり」は「除草」に進歩したと思い込んでいる人もいます。腰が曲がるほどの重労働だった草とりが、除草剤の開発によって解放された、と本気で信じている人も少なくありません。肉体労働の軽減という視点からのみ見るならば、あながち的外れだともいえないでしょう。しかし、こうした見解はとてもゆがんだ見方ですし、あまりに一面的です。

その理由をいくつかあげてみましょう。まず「草とり」という仕事の「苦」の面だけを見て、楽しみや充実の世界を見捨てています。草取りするから、草の名前を呼び、草の様子から天地自然を読み取り、田畑の性質を感じ取り、生きものの生死の感覚を学び、何よりも仕事に没頭し、天地自然と一体になる境地を身につけることができるのですが、そんなことには目もくれません。

「草とり」ほど、楽しい仕事はありません。百姓が生きものの中でも、草の名前を一番多く知っているのはその証拠になるでしょう。草とりは時を忘れて没頭できます。

しかしそれを外から見ていると「単純作業」に見えるものです。あるいは子どもの頃に手伝いを強制されると「嫌な仕事」になるものです。それを内から見ると、草と「今年も生えてきたね」「もう花を着けたのかい」「よく根がはってるね」「葉が虫に食われているよ」などと話をしながら草取りしているのですから、単純作業と見る見方とはまったく別の世界を感じているのです。草とりが「農」で、除草が「農業」だと言うこともできます。

近代的な学問は、ほとんどが外からのまなざしに依拠しています。それでは農業はよく見えますが、農の世界は見えにくくなってしまいます。だからこそ、内からのまなざしで記述し、思想化する人間が必要なのです。

3　農は資本主義に合わせなければならなかったのか

†どちらが正しかったか

橘とほぼ同時代を生きた東京大学教授東畑精一が、昭和一一年に書いた『日本農業の展開過程』（岩波書店、一九三一年・農文協版、一九七八年）の一節を要約します。

「農民は長い間変わらぬ仕事をしてきたので、農業については経験的に十分に知っている。もし社会に変化がないなら、このようなルーチンワークを繰り返しておればそれで済む。ここには「頭を要する」仕事はなく「単なる業主」に過ぎない。ここには経済学上の課題は何もない。（中略）ところが現実は近代化・資本主義が急速に進展しており、この資本主義的経済方法に適応しなければならない」

この箇所は百姓を馬鹿にしているのではありません。自給的な農業を脱して、農業も近代化と資本主義の発達に乗り遅れないようにさせるのが「農学」の役割だと主張しているのです。

この東畑の意見を百姓に紹介すると、大半の百姓が、「現代でも通用する」と賛成します。見事に農本主義が敗北した原因と、結果が見て取れます。東畑はその後の日本農学の主流を形成することになります。

一方、東畑と同じ時代を生きた農本主義者・橘孝三郎は資本主義をどう見ていたのでしょうか。

百姓が抱かれている天地自然のふところは、あまりにも資本主義社会を泳ぐのとは勝手がちがう。いくらきょろきょろ見回しても、天地自然の中では交換価値という資本主義的な尺度は見当たらない。(『日本愛國革新本義』昭和七年)

橘は百姓しながら、天地自然の中に経済価値をさがすことを堕落だと考えました。「資本主義は農に合わないばかりか、土に背を向け、農の土台を破壊していくのはなぜか、それはどうしたら食い止めることができるのか」と考え、それを「実証的につかむための学」をつくろうとしました。つまり「農の本質（原理）」を守るための学を目指したのです。

一方の「日本農学」は農業が資本主義から取り残されないように、資本主義に合わせて発展させる道を追求しました。東畑は戦後は農政審議会や税制調査会の会長を務め、戦後農政に大きな影響力を発揮した人です。果たして東畑たちが目指した資本主義に乗り遅れないように、農業を近代化・産業化することは、成功したでしょうか。今日の農村の衰退は、この日本農学成立の大前提に疑念を抱かせるものです。

東畑の著作に決定的に欠けている視点は、年々歳々変わらぬ百姓仕事を「頭を要する」ことのない「単純作業」と見ているところによく現れています。やはり農学（農政）というものは、当時も今も百姓仕事を外からしか見ることができなかったのです。

†農は経営するものになった

その流れはいまも変わりません。「経営努力が足りない」「経営能力の向上が課題だ」という言葉が、企業の経営者ではなく、百姓に対してまで言われるようになりました。いつの間にか農は「経営」するものになり、農業経営とは「所得」や「利潤」の額で評価され、

「コスト」や「生産性」で計られるのが当然のようになっています。だれもが「所得」「コスト」「労働時間」などの近代化尺度の適用に違和感を持たなくなっています。これは見事に農が資本主義化された結果です。そして、私たち百姓もこういう尺度で農を見るようになったのです。

私たちは、生産コストが下がれば、当然価格は下がるべきで、生産量が少ないなら、価格も高いのが当然だと思っています。また安くて、いいものなら、別に地元のものでなくてもよいというように、農産物が商品化されると、選択することも当然のことのようになります。工業製品は、とっくに安くて品質がいいものが外国から輸入され、私たちはその恩恵に浴しています。農産物だってそうなっても、何もおかしいところはないように見えます。

さらに、他産地と競争するようになることも、「しかたがない」と思わざるをえなくなります。ところが農本主義者は敢然と「農と他産業を一緒にするな」と異を唱えます。「農だけは特別だ。農だけは資本主義の市場経済に合わせてはいけない」という論拠を示して、国民を説得しなければなりません。新しい農本主義者はそれをやろうするのですから、かなりしんどい道を歩くことを覚悟しなければなりません。それは百姓としての自家の経済を有利に運営するためではなく、資本主義から見捨てられていく農に属している多くのもののためにやろうとしているのです。

天地は有情（命あるもの生きもの）で満ちています。しかもこれらの生きものは、人間も含めて、お互いが依存し合って同じ世界（共同体）に属して生きています。たとえば田んぼに足を踏み入れた途端に、一斉に動き出すお玉杓子（オタマジャクシ）に、つい「今年も会えたね」と感じてしまいます。このような感覚でつかむ世界を「天地有情の共同体」と私は呼ぶのです。これまでの共同体があまりにも人間だけの世界に限定されてきたことを反省して乗り越えたいからです。

まだまだ多くの百姓は仕事をしているときに、経済・経営のことよりも、相手となっている有情（生きもの）のことを考えます。経済のことなど忘れているからこそ、仕事が楽しめるのです。

†政治や学が手を出せない農

「農政」という言葉があります。国民国家になると百姓の人生は農政の影響下に置かれているような錯覚に陥ります。ＴＰＰ（環太平洋経済連携協定）に代表される経済のグローバル化を推進するのも国家ですし、その悪影響を最小限に食い止めるのが「農政」であるかのように言われています。とんでもありません。このように最も重要なことは「政治」によって決められるという信仰を国民が持つようになるのは、この一〇〇年余りのことです。農政やその後ろ盾になっている農学は、農の中の一部である産業化された「農業」しか扱うことはできません。前に紹介した東畑精一の主張のように、農を資本主義化するために農学は発展してきたからです。ところが橘孝三郎はこう言っています。

学は、自然科学にせよ、社会科学にせよ、すべて都市で育てられている。未だかつて農村を土台とし、農村の中から生まれて、育った学を知らない。(『農村学』)

私たちは、田んぼの生きもののうち、よく見かける動物を一五〇種リストアップして、「田んぼの生きもの指標」として提案しています(動物全体では二六六八種になります)。ところが指標を選んだあと、改めて調べてみてびっくりしたことがあります。このうち一〇三種(六九%)はどこかの都道府県で絶滅危惧種に指定されているのです。植物ならもっとその比率は上がるでしょう。

問題なのは、このことに百姓もうすうす気づいてはいるのですが、重大事とは思っていないということです。「天地自然はそんなにもろくない」と楽観視していることもあるでしょうが、しかたがないと思い込もうとしているのです。これが収穫高の減少や品質の低下であれば、すぐに原因究明に取りかかるでしょう。それなのに天地自然の破壊に対しては、なぜ本気で対処しないのでしょうか。農が産業化されるとこうなるのです。

しかも、もっと深刻な事態が進行していました。かつての百姓（現在なら九〇歳以上）なら生きもの（動植物）の名前を六〇〇種ほど知っていた人が多かったのに対して、現代の百姓は一五〇種ほどしか知らないのです。天地自然に直接働きかける仕事が減ったのが原因です。手取りしていたときには名前を呼び、草の性質や利用法もよく知っていたのに、除草剤を散布するようになると、草たちはもう呼びかけ合う存在ではなくなります。

農政や農学も冷たいものです。田んぼにはどういう生きものがいるのかを本気で解明しようとするような研究はこれまでもほとんどありません。もし、農の資本主義化を踏みとどまらせる学や、農が資本主義化されることによって失われる世界を解明する学ができていたなら、経済価値のない世界はもっと豊かに研究され、表現され、評価されていたことでしょう。

天地自然は有情（生きもの）で満ちているからこそ、自然な世界なのです。この「生きものはいつもあたりまえにいっぱいいいたほうがいい」という感覚は、百姓が幼い頃から在所で育ちながら、自然に身につけたまなざしと感性を土台にしています。このまなざしと感性こそが、現代社会では危機にさらされているのです。

4　農に成長を求めない

†経済価値のない「めぐみ」

「農本主義とは何か」と尋ねられたら、私は「農業を農に戻していくことだ」と答えます。「すると、昔に戻ると言うことですか」と疑念を抱かれます。「いや農の中の近代化してはいけない世界を守って生きていくことです」と答えます。

「農」とは、農地（大地）を通して、天地自然に働きかけて、めぐみをいただくことです。天地自然は経済価値のあるものだけを、めぐみとしてもたらすのではありません。何の変哲もない風景も、どこにでもいる赤とんぼも、むっとするような草いきれも、食べられもしない蛇苺も出現させてくれます。とうてい〝めぐみ〟とは言いがたいようなものが圧倒的に多いでしょう。だから、いいのです。もしすべてに経済価値が発見されたら、野辺にカネが敷き詰められているようで、気持ちが悪くなり、落ち着かないどころか、気が変になってしまうでしょう。

〝めぐみ〟のほとんどに経済価値がないからいいのです。幸いなことにと言うべきか、資本主義はすべての〝めぐみ〟に手を出すことができませんでした。

ここで、もういちど橘孝三郎の言葉を思い起こしましょう。

「天地自然のめぐみは農を本としてしか受け取れない」

「天地自然のなかをきょろきょろ見回しても経済価値は見えてこない」

だから天地自然は、そして農はいいものなのです。経済価値がなくても、いつもそこにあたりまえにあるものこそが、私たちの人生を静かに支えてくれています。じつは、農とはそういうものなのです。

在所ではあたりまえすぎて意識もしないものが、旅行すると、気になります。新鮮に見えます。そしてふと、他所の人間には私の在所もこのように見えるかもしれないと感じたときに、意識しなかった価値が自覚できます。決して、危機が到来したときに見えるものではありません。この旅行者のような外からのまなざしを、農本主義者も農を発見していくときに取り入れていくのです。

†ほんとうの危機とは

「食料危機が来たら、食料の大切さがわかるだろう」というような主張は、たちが悪いと思います。ある大学教授が学生に「食料危機は来ない」という自説を講義したら、大半の学生が「それでは何のために農学部に来たのかわからなくなった」と困惑したそうです。農業は食料を生産する産業であり、いざというときにその真価を発揮するという思い込みが、多くの人たちに共有されています。

百姓もつい「いざというときに、農業の価値がわかるだろう」と発言してしまいます。これは、思想的な頽廃です。たしかに、日常はあたりまえすぎて見えない価値が、異常な事態になると見えるということは、よくあることです。身近な自然や風景は、それが失われたときに、心の中にぽっかり空いた空洞として気づき、喪失感に悩まされることになります。しかし、それが失われる前には、失われた状態を想像して、危機感を募らせることは難しいことです。

しかし、だからこそ日々眺め、感じて暮らしている実感をあらためて価値として認識し直すことが大切ではないでしょうか。飢餓状態に追いやられたくないから、日々の食事の大切さを自覚するのではなく、日常の何の変哲もない食事自体にほんとうの価値を実感できないから、イザという時を持ち出すのではないでしょうか。

ほんとうの価値は何気ない日常に腰を据えており、ほんとうの危機は来るか来ないかわからない将来のイザという非日常にあるのではなく、日常に潜んでいるのです。それを見えるようにすべきなのです。

現代の農のほんとうの危機とは、農を人間の欲望に合わせていることではないでしょうか。「今年は西日本は高温が続き、米の品質が悪いので、おいしい東日本の米がおすすめです」などという宣伝が平気で行われています。またTPP反対と言いながら、国内では産地間競争を勝ち抜くのは当然だと言わんばかりです。「資本主義社会で生きている以上やむをえないだろう」という論理こそが、農のほんとうの危機の原因です。百姓ですら、ここまで資本主義を受け入れてしまっています。

†近代への対抗思想

私たちは、橘孝三郎が「農は資本主義に合わない」と喝破した昭和初期よりも、はるかに発達してしまった資本主義社会の中で生きています。人間の行動規範のほとんどが「経済効果」という尺度で組み立てられています。それが支持され、受け入れられてきたのは、現代人の欲望が次々に実現されてきたからです。それは当然のことでしょう。実現できる欲望（商品）しか提案されてこなかったのですから。一方の農本主義は、人間の欲望を鎮めていく道すじを求めて来たので、旗色が悪いのはしかたがないことです。

資本主義は経済成長が不可欠です。しかもその成長は破綻するまで続くそうです。どこかで「これくらいにしておこう」「ほどほどにしておこう」と思うのが、まともな人間社会ではなかったでしょうか。たしかに人間の欲望は肥大化し続けるものですが、どこかで「限り」を見つけて、自分に言い聞かせるのが普通でした。

天地自然としては、変化し続けることは異常なことです。年々蛙の数が増えていくなら、やがて田んぼの餌は枯渇しますから、蛙の世界は破綻します。ですから毎年同じ時期に、同じ種類が、同じぐらいの数だけ生まれて育つのです。それを見て百姓は安堵するのです。天地自然のめぐみとはこうして、たいして変化しないことを当然としてきたのです。「農業も成長産業になれる」とおだてている人は、農を資本主義化することによって、天地自然が傷つくことなど考えたこともないのでしょう。「限りなき成長」を追求している農以外の「他産業」では、倒産や破綻が日常茶飯事のようにくり返されています。そこで働く人の疲労とは、労働の強度ではなく、限りなき成長を支え続けなければならない精神的な不自然さによるものです。

人間はこれまでも「自然に」生きていきたいと願ってきました。欲望に振り回されずに、欲望を鎮めて生きる生き方の手本を天地自然に求めた人も少なくありませんでした。現代社会で、農へのあこがれが強まっているのは、農には資本主義化できない世界があることに惹きつけられるからです。

第1章

農本主義の誕生と再生

――「農」の本質を探る冒険

1　橘孝三郎が考えたこと

†農本主義者の代表

農本主義者と呼ばれている人はいっぱいいます。それぞれ個性的で、思想にもかなり幅があります。代表的な人だけを表1にまとめてみました。

この中からまず、私が現代でも通用すると思う農本主義者・橘孝三郎と、権藤成卿、松田喜一をとりあげます。この三人が農本主義者の「感覚」をもっともよく表現していると感じるからです。

橘孝三郎は、明治二六年に茨城県に生まれ、一高を中退して、郷里に帰り、自ら山野を開墾して百姓になりました。大正四年に兄弟村農場（三町歩からのちに七町歩）をつくります。これは武者小路実篤の新しき村に三年先駆けています。さらに昭和四年から県内にひろく「愛郷会」（主に農村青年四〇〇人ほどが参加）を組織し、協同組合活動にも乗り出していきます。昭和六年には念願だった百姓の青年のための私塾「愛郷塾」を、農場内に校舎も建てて開校しました。在所の活動は着実に軌道に乗りつつありました。

ところが、昭和五年から翌年にかけての昭和恐慌で、農村は極度に窮乏していきました。これから橘の思想と行動は急速に危機感を帯びていきます。そして昭和七年三九歳の時に、若き塾生たちを引き連れ、軍人たちとともに五・一五事件で「革命」に決起したのです。

氏名	生年〜没年	在所など
石川三四郎	【1876〜1956】	(帰農者・東京府)
犬田　卯	【1891〜1957】	(帰農者・茨城県)
江渡狄嶺	【1880〜1944】	(帰農者・東京府)
岡本利吉	【1885〜1963】	(帰農者・静岡県)
加藤一夫	【1887〜1951】	(帰農者・神奈川県)
加藤完治	【1884〜1967】	(茨城県)
木村荘太	【1889〜1950】	(帰農者・千葉県)
権藤成卿	【1868〜1937】	(福岡県)
白山秀雄	【1901〜1982】	(兵庫県)
橘孝三郎	【1893〜1974】	(茨城県)
長野　朗	【1888〜1975】	(東京府)
松田喜一	【1887〜1968】	(熊本県)
山崎延吉	【1873〜1954】	(愛知県)
横田英夫	【1889〜1926】	(新潟県)

表１　昔の主な農本主義者たち
(生年〜没年、在所など)

もちろんこの「革命」は失敗しました。昭和九年に無期懲役の判決を受けましたが控訴せず、恩赦で昭和一五年に釈放されました。その後郷里に引きこもり、昭和四九年に八一歳で亡くなりました。

ここで紹介するのは、昭和六年刊の主著『農村学（前編）』（後編は書かれていません）と、昭和七年の五・一五事件の直前に印刷された『日本愛國革新本義』、同じ年に出版された『農業本質論』と、事件後満州で執筆し、その後獄中にあった昭和一〇年に出版した『農本建国論』（出版はすべて「建設社」）です。『農業本質論』は百姓に、『日本愛國革新本義』は軍人に講演した「講演録」です。

†農本主義の誕生

それでは橘孝三郎の農本主義の核心に触れてみましょう。

われわれは天地自然のあたたかきふところにおいてのみ、その生のやすらかなるふるさとを見出すことができる。「土」はじつに生命の根源である。土を亡ぼす者は一切を亡ぼす。われわれは今やまさに土に帰らねばならない。そして一切を土の安定の上に築きかえなくてはならない。土に帰れ、土に帰れ。土に帰ってそこから新たに歩みだそう。

それのみが農だけでなく、都市と全国民社会を救う道である。そこからのみ、資本主義社会にとって代わるべき厚生主義社会が生まれ出るのである。(『農村学』)

橘は百姓しながら、次第に痛切で深い危機感にとらわれていきます。彼は「土を亡ぼすものは、また亡ぶ」と、くり返しくり返し警告していますが、一度も「土に生きるものは亡びない」と肯定的な表現をしていません。彼の思想に限らず「農本主義」は、農が時代の流れの中で圧殺されていくという危機感から生まれ落ちたのです。決して、土のすごさ、すばらしさ、美しさから誕生したのではなく、そういう「土」の豊かさを亡ぼすものと闘うために「農本主義」は生まれたのです。農本主義に限らず、変革の思想というものは、いつの時代も現実世界への怒りや危機感から生まれ出るものです。

もちろん橘が還るべきだと言う「土」とは、「土壌」の意味ではありません。人間が百姓仕事によって、天地自然に働きかけた結果として、豊かな恵みをもたらしてくれるものの総体です。天地自然の名代、あるいは「農」と言ってもいいでしょう。

土を凝視するとは、そこに労働手段を見るのではなく、天地自然を、そして我々人間を見ることである。(『農本建国論』)

その「農の本質」である「土と人間の関係の総体」（天地有情の共同体）が、社会の発展によって破壊されていくのはなぜか、と考えていくのです。

ここがとても重要です。普通なら、それは「政治」が、「政府」が悪い、と言って済ませるでしょう。橘はそうも言いながらも、もっと深いところにある原因までさかのぼっていくのです。ここが農本主義者の特徴です。「農とは何なのか」と、深く深く考えるのです。

橘の最初の著作であり、主著と言ってもいい『農村学』には、「農本主義」という言葉は出てきません。この本でも「資本主義に代わる厚生主義」という言い方をしています。この時点では自分の思想にふさわしい名称を探していたのでしょう。しかし、すでに資本主義を超えていく社会の構想を始めています。

ここに来るまでに橘は、農を圧迫してくる工業と、農村を踏み台にして隆盛していく都市を分析しました。そして、工業にないもの、都市にないものを発見するのです。橘が説いた「生産二次性原理」は、工業と農業の違いの本質を突きとめています。

米を物質として扱うときには、経済的に理知的に扱う。しかし、種籾として扱うときには、稲の生命力を情愛をもって育てる。工業は物質を対象とし、農業は生命を対象とする。生産とは常に農工によるこの二次性を持つものだ。（『農村学』）

こうして工業に対抗する「生命」が発見され、「農の本質」として位置づけるのです。農業にあって工業にないものは、決して「食料」ではなく、「生命」だというところがとても大切です。食料（米）だって、物質として扱われるときは、量や価格で、つまり経済価値で扱われ、資本主義に取り込まれそうになります。ところが「食料（米）を「生命」として見てごらん、そんな扱いはできないでしょう」と言っているのです。さらに言葉を継いでいます。

われわれは稲や牛の生命を創造することはできない。われわれはただ稲や牛の生命を見守って、自然の命ずるままに、手入れの限りを尽くさなければならない。（『農村学』）

この「百姓は農産物をつくることはできない」という感覚こそが、百姓なら誰でも抱くものなのに、思想化されてこなかった最大の感覚なのです。ところがこの「生命」は、天地自然はあまりに人知を超越していて、生命の神秘性は合理性では説明できない。
（『日本愛國革新本義』）

合理的な理性や科学では説明できないとすれば、どうしたらいいのでしょうか。人間の知恵でつかもうとしないで、天地自然に抱かれればいいと言うのです。人間中心主義ではなく、天地のめぐみに感謝し、引き受けて生きる生き方が百姓の「感覚」です。天命や天寿などという言葉に親しみを覚える感覚です。「生命」と言えば人間の、しかも自分の生命にしか関心がないのが現代の風潮ですが、天地自然の中では生きとし生けるものすべてに宿る生命を実感できます。生きもの同士、人間も天地自然の一員、という感覚こそが農の本質だと見きわめたのが、農本主義の最大の魅力です。

敵の正体

次に、なぜこの農の本質は踏みにじられるのだろうか、と考えていきます。そして「祖国日本の恐るべき病態化の病根」は、資本主義の核心である「経済合理主義すなわち営利主義精神」つまり西洋からの外来の思想だと突きとめるのです。

資本主義的方法でなければ、各個人はその営利生活を遂行することができないようになり、営利生活を離れて個人生活は成り立たなくなった。同時に、これまで成熟してきた人間社会組織までは、荒廃してきたのは、まったく近代のヨーロッパ精神のせいである。(『農村学』)

橘は資本主義と西洋文明は表裏一体のもので、「破農性」を本質として持っていると主張します。なぜならそれは、「土」を土台として自然のふところに抱かれて出来上がったのではなく、「土」を離れ、自然を知らない都市から生まれたものだと言うのです。したがって、西洋資本主義には、ついには農を破滅に陥れる性質があると結論づけたのです。

当時の日本でも「社会は農業を中心にする状態から、工業を本位とする状態に進むのが社会進化の常道である」と政界や学会や思想界では唱えられていました。「土に帰る」ことは社会の進歩に対する反動だと思われたのです。

一方、都市文明にないものとして「天地有情の共同体」に着目します。ここでも人々の共同体を支えているのは、天地自然です。

人間は農本的存在である。なぜなら天地自然の恵みのあるところでこそ、その自他利害のまったく融合一致できる共同体生活を築くことができたのであり、そこに人間生活の心と身との安住できるふるさとを見出してきたからである。これは「大地主義」「農本主義」精神と言っていい。

人間がその社会生活を永遠に続けるためには、その共同体社会を土の基礎の上に打ち建てるしかない。(『農本建国論』)

こうして橘は農本主義の核心に到達するのです。

日本は農なくして一日も存立できない事実は、あまりにも根本的なので、人々は自覚することがない。あたかも空気や水の必要性を人々が認識しないようなものだ。人間は天地自然によって生かされているのに、資本主義社会では、人間は自分の独力で生きているという妄想に囚われてしまう。したがって資本主義社会においては、農は人間中心の資本家的企業形式では発達できないのに、このことを人々は理解できなくなっている。(『農本建国論』)

近代化と資本主義化によって蹂躙されていくのは、決して農家経済ではなく、その土台にある「天地有情の共同体」だと気づいたときに、つまり「近代」と「資本主義」から死守しないといけないものを自覚したときに、農本主義は「反近代」「反資本主義」の思想として誕生したのです。

†五・一五事件

橘孝三郎たちの農本主義社会を実現するための革命（決起）は、昭和七年五月一五日の午後七時から一時間ほどの短い時間で終わりました。塾生のうち実行部隊の青年六人「農民決死隊」は軍人たちとは別行動を取り、手分けして六カ所の変電所を襲い、手榴弾を投げますが、爆発した二カ所も停電には至らず、逃亡先で逮捕されます。橘の「百姓に人殺しはできないから、せめて東京を二、三時間まっくら闇にしてみたい。それが都会中心主義に対する百姓たちの襲撃だと分かったら、都会の人たちは少しは反省するかもしれない」という夢は実現できませんでした。

軍人たちはよく知られているように、四組に分かれて午後五時頃から、犬養首相を射殺し、牧野内大臣官邸に爆弾を投げ入れ、警視庁に押し入ってビラをまいたぐらいで、ほぼ一時間後には全員が憲兵隊に自首しました。

橘はこの決起は失敗すると見抜いていたようです。やむにやまれず立ち上がるのですから、それも承知の上だったのでしょう。彼は塾生たちが事件後、逃亡してこられるように、五月一二日に東京を発ち満州に渡って待つことにしました。その後、彼の逃避行は二ヵ月以上におよび、後に出版される一冊の本（『農本建国論』）を書き上げたところで、七月二四日にハルビンの憲兵隊に自首しました。

五・一五事件は、裁判の段階で評価が一変します。犬養首相を襲った暴徒は、じつは農村の窮乏を見かねて決起した義挙だとして評価されることになります。このことでやっと昭和恐慌の後の農村の荒廃が本気で報道されるようになったのです。

橘の影響を五・一五事件に決起した青年将校の中心人物古賀清志は次のように語っています。

> 橘は我々に、農村問題の窮状を具体的に数字を挙げて説明し、その原因は資本閥の搾取にあると説き聞かせたので、これまで権藤の『自治民範』などにより農本主義的な思想を抽象的に理解していた我々は、ここに初めて具体的に、農村問題を認識することができ、農村救済のためには資本主義を打倒しなければならぬことを、痛感しました。
>
> （「五・一五事件裁判の尋問調書」昭和八年）

民間の裁判所で裁かれた橘孝三郎は無期懲役、塾生の百姓たちも重い人は懲役一五年、変電所を襲った青年たちも懲役七年という重い刑罰を受けました（軍人たちは海軍の軍法会議法廷での裁判でしたので、重い人も禁錮一五年でした）。橘たちは控訴せず、下獄しました。彼らが減刑され出獄したのは、昭和一五年です。

もし橘たちの参加がなかったら、決起した将校たちは決起の大義名分を腐敗した政治の革新にしか求められず、農村救済を前面に出すことはできなかったかもしれません。また同時に、農本主義がファシズム扱いされ、農本主義者もファシスト扱いされることもなかったかもしれません。事件後の政府の農政にも、結局のところ大きな変化はみられませんでした。

†革命への道

橘孝三郎は在所で「愛郷会」を組織し、「愛郷塾」を開き、産業組合的な活動を広げていました。それなのになぜ「革命」に蜂起したのでしょうか。

ここで『思想の科学』昭和三五年六月号（中央公論社刊）から竹内好と橘孝三郎との対談を紹介します。五・一五事件から二八年後の橘の見解です。竹内は私が一番聞きたかったことを質問しています。

竹内「お話を伺っていますと、そうした下からの農民運動が着実に成功していっているのに、なぜ五・一五事件を起こすような方向にいかれたか、という点ですが」

橘「たしかに兄弟村も愛郷塾もうまくいって、みんな喜んでいた。いままで続けられたら大したものになったでしょう。それをぶちこわして監獄の飯まで食うようになったのはなぜか、と言うことですね。（中略）あるとき、小学校で私がデンマーク論、協同組合論をぶって帰ろうとしたら、古内栄司君という井上日召の門弟に出会った。汚い草履をはいて私のあとを追ってきて、「先生、この事態は先生の今の考え方で切り抜けられるのですか。もっと他に道があるんじゃないですか」という。そして井上が大洗まで来ているからぜひ会えという。こうなると私のもちまえで、困難があると自分がさきに飛び込んじゃうんだな」

竹内「権藤成卿とはまえからの知り合いですか」

橘「いや、その頃権藤さんの書物を読んで尊敬の念を抱き、会いにいったわけです。実に偉大な学者ですね。権藤さんは日召に対して、「橘にへんなことをさせてはいかん。ピストルなんかふりまわさせてはいかん」と言っていたそうですね。まあそれにも拘わらずやったということは、政党、財閥、特権階級の堕落、農民の窮状、軍縮問題による国防の危機など、このままでは日本が滅びるし、農民は救えない。しかも口では偉いことをいっても、自ら捨石となってやるものがなかった、ということでしょう」

権藤成卿については次の節でくわしく紹介します。

井上日召は五・一五事件に先駆けて決起しようとして未遂に終わった「血盟団事件」の首謀者です。彼らから「橘さんのやり方では、社会は変わらない」と問われ、「そうだ」と答えてしまった時から、橘孝三郎は実力行使に傾斜していくのです。

このことはとても大切なことです。私たちも在所をよくすることよりも、国家をよくすることがより重要だと思ってしまいます。近代の運動というものは、常に国家の枠組みへと拡大していきます。「個人か、国家か」の二者択一になりがちです。「世界がぜんたい幸福にならないうちは、個人の幸福はあり得ない」（宮沢賢治）というのは、当時の右翼左翼を問わず、運動家に抱かれていた感情だったのです。この「ぜんたい」がいつのまにか「国民全体」になって行ったのが昭和初期でした。

しかし自分の生き方を死守して、在所を守っていく生き方は国益を追求していくことに比べれば、ささやかなことでしょうか。これは難題です。

私もつい国の政策を変えようと動いてしまいます。政治という枠組みで動くと、市町村の政策よりも都道府県、さらには国の政策が上位に来てしまいます。そういう発想法と体質に陥ってしまうのです。たしかに「社会性がない」というのは問題ですが、だからと言ってその「社会性」を在所を越えて、一挙に国家にまで拡大してしまうのは国民化された運動家の特徴です。

2　権藤成卿の独自性

†権藤成卿という人

次に、橘孝三郎に影響を与えた権藤成卿を紹介します。彼の思想を象徴している「社稷（しゃしょく）」は私の言う「天地有情の共同体」と重なります。

権藤成卿は慶応四年（この年に明治元年となる）に、福岡県三井郡山川村（現久留米市山川町）の藩医の家に生まれ、若い頃は黒竜会などに属した後、大正九年に『皇民自治本義』（のちに昭和二年に『自治民範』と改題）を出版しました。

昭和初期から権藤の元には橘孝三郎、井上日召、藤井斉、古賀清志、長野朗（「農村村治派同盟」の指導者）などが出入りしていました。昭和六年に権藤と橘孝三郎は初めて対面しています。

権藤は昭和六年に『日本農制史談』、昭和七年『君民共治論』『日本震災凶饉攷』『農村自救論』を出版しました。

昭和七年の五・一五事件発生後、権藤は黒幕としての嫌疑で投獄されましたが、釈放されます。権藤は軍部による革命を否定すると同時に、性急・安易な社会改造でなく、堅実な社稷自治への復帰を説きました。日中戦争にも一貫して反対しており、昭和一二年に亡くなりました。

†社稷の思想

現代の私たちは平気で「地方」という言葉を使います。田舎に住んでいる私ですらそうです。しかし、これは中央である「国家」からの眺めでしょう。自分の在所のことをつい「地方」と呼んでしまう感性は、「国民」の特徴です。また百姓はつい「日本農業を取りまく情勢はきびしい」「日本の食料自給力は低い」などと、平気で「日本」という単位でものを言います。これも私たち百姓が「国民化」されてしまった証拠です。国民化自体は避けられなかったかもしれませんが、そのことを自覚していないことが問題なのです。

ところが明治・大正・昭和初期を生きた権藤成卿はそうではありませんでした。

権藤はそれまでの村（在所）の自治を無視して、西洋を手本とした強固な中央集権的な国民国家をつくろうとする当時の政府に対して、断固として異議申し立てをしました。国家よりも「社稷」（農村自治共同体）を優位に置いて、社稷あっての国家だ、と論陣を張ったのは、近代の制度への疑念がことのほか強かったからです。

つまり国家がもともとあったかのように、国家権力を振りかざし、村の自治を取り上げて破壊し、全国画一の近代化・資本主義化を推し進め、百姓が自然に没頭してのんびりと暮らすことを妨げている体制を、心底から嫌ったのです。

かつて日本には昔より国家などいう観念は少しもなく、百姓を本とした農民共治の組織が、我が国古来よりの国体であり、制度であった。（『日本農制史談』）

もし世界みな日本になれば、日本の国家という観念は、不要になるだろう。けれども社稷という観念は、取り除くことができぬ。国家とは、世界地図の色分けである。各国ことごとくその国境を撤去しても、人類がいる限り、社稷の観念は消滅するものではない。

> これが私が社稷を除いて国を認めない理由である。民衆の自治を無視して、国は治められるはずがない。（『自治民範』）

つまり国民国家は近代になって誕生した人為的な区分でしかないが、社稷は古来からの自然発生的なもので滅びない、というわけです。これはナショナリズム（愛国心）が国家から教育で植え付けられるものに対して、パトリオティズム（愛郷心）が在所のくらしの中で身についていくものだということに見事に対応しています。

この主張は明解で、当時も今も新鮮です。社稷があって国家があるので、けっしてその逆ではないというのは、パトリオティズムを踏み台にして「国益」を言い立てる日本政府のナショナリズムにも向けて言いたいものです。

それにしても「社稷」とは、聞き慣れない言葉です。権藤は、「社稷とは、社は土地の義にして、稷とは五穀の義である」という定義を紹介した後、その内実は、

> もともと社稷には、三つの公則がある。一、天の常にしたがい、二、地のありよう合わせ、三、人の和をすすむ。（『自治民範』）

と言っています。つまり「社稷」は、人間が生きて暮らしていく天地と人間のつきあいの総体を指しているのです。人間だけの共同体でもなく、さらに土地を含むだけでなく、天地自然に働きかけ、働きかけられて安堵し、持続していく在所の世界の総体なのです。これは「天地有情の共同体」と言い換えてもいいものです。しかし明治以降の日本という近代的な国民国家は、こういう世界観や制度を採用するはずがありません。

この「社稷」のモデルは権藤の言うような古代ではなく、江戸時代の村落共同体だったと思われます。なぜなら自治を確保した惣村が現れるのは近世ですし、それが定着するのは江戸時代初期ですから。たしかに権藤は封建時代のよさはよく知りつくしていました。百姓と将軍や殿様との関係は、年貢を納めるだけの関係で、村は武士とは関係なく自治が貫かれていたのです。しかし権藤は、江戸の幕藩体制を批判していましたので、社稷は江戸時代がモデルとは口が裂けても言えなかったのでしょう。

†自治とは何か

権藤思想の最大の魅力は、社稷の在り方から「自治」を引き出し、中央集権国家にぶつけたことです。

自治をさしおいて社稷はない。また社稷を認めねば自治はなくなる。およそ国の統治には、古来二種の方針がある。その一は生民の自治に任せ、王者はただ儀範を示してこれに善き感化を与えるに留めるのである。その二は一切の事を王者自ら取り仕切って、すべてを総理するのである。前者を自治主義と名づけ、後者は国家主義と名付けるのである。(『自治民範』)

わが国の農村はじつに疲弊しているというよりも、衰滅に近づかんとする状況である。その原因は、中央集権、官僚制度による権力支配によって、社稷の観念を亡失しているからだ。そこで対策は、ただ本に帰ればいい。つまり、社稷を主義とする自治に復帰することである。(『自治民範』)

ただ権藤の言う「自治」とは、現在の自治とはかなり様相が異なります。社稷の中では個人の自由は絶対無限のものではなく、むしろ他人のためを思う心が強くなり、天地のために働き、みんなが結束していくことだと言うのです。そのためには各自の「自制力」や村の拘束力がなければ「自治」はできず、自治ができなければ、「自主」の力は起こらず、秩序も保たれないと指摘しています。

権藤は土地も私有を認めるべきではなく、江戸時代のように村有であるべきだと言っています。また国有ではいけないというところが、社稷を重視する権藤らしいところです。渡辺尚志の『百姓の力』（柏書房）には、この権藤の所説を裏付けるような、現代から見ると驚愕するような事例が紹介されています。

江戸時代のある村では離農して離村する人は、家屋敷と田畑を村に無償で返さなければならなかったそうです。なぜなら耕作しているときは自分の土地でも、耕すことをやめれば、土地は村有に戻す「掟」があったからです。

私たちは土地には共有地と私有地があるだけだと信じて疑いません。しかしそれは近代的な所有のスタイルに過ぎないのです。もちろん耕しているときは私的な占有が認められていますが、耕さなくなれば、村のもの、つまりみんなのものとするこの前近代的な農地との関係は、人間と天地自然との関係に重なります。

†国家vs在所

それにしても社稷の自治がなければ、国家も成り立たないという説は魅力的ですが、当然ながら明治以降の国民国家の中央集権、国家主義、官治組織と対立することになります。

本来自治を、中央政権の分権と見るのは、本末転倒である。人類はもともと衣食住すなわち社稷を基礎として、村落の自治となり、村落の自治を拡張して郡県の自治となり、これをもって外国に対すれば、すなわち国家となる。（『自治民範』）

権藤は国家と社稷（在所、村、田舎、地方）の間に大きな溝を発生させた原因が近代的な国民国家にあると見抜いていました。当時彼が天皇を後ろ盾にした「国体」精神が荒れ狂う時代の中で、こうした独自性を保つことができたのは、彼が封建制度を悪だと決めつける近代化教育を受けておらず、薩長閥が支配する国民国家自体に嫌悪感を抱いていたからです。それに彼は意外にも西洋の思想も学んでいたので、日本の古来の制度と西洋を比較して自説を強化していたものと思われます。

現在の村の共同体は、江戸時代の村の共同体とは比べものにならないぐらいに弱体化しています。村には土地の所有権がなく、政治の実権もありません。国家や市町村へ納める税金も江戸時代よりも高いぐらいです。それに何よりも、近代化と資本主義が浸透して、天地有情を感得し交感する習慣が衰えてしまっています。

問題はここからです。在所（パトリ）の価値で、国民国家の価値に対抗できるでしょうか。権藤は「社稷」を歴史的に創作して対抗させようとしましたが、権藤に欠けていたのは、現実の村の中に「社稷」を再建していく運動論でした。権藤の眼は国家に向きすぎていました。

現代ではこの権藤の社稷を「在所の思想」としてもっと深く掘り下げて、パワーアップしなければならないでしょう。私が在所の思想として「天地有情の共同体」を中心に考えるのは、社稷を動かしていく自治の土台に天地自然との関係を据えたいからです。そうしないと現代の絶大な力を握る国民国家に、足元の村から対峙していくことはできません。

今日では「国民国家」という単位はますます強化されています。しかし、一方で、スコットランドやバスク地方の独立運動が高まり、沖縄では政府との対立が先鋭化し、日本国が突き放されつつあります。私たちはもう一度、国民化され国民国家を自明のものとしている自身と在所を見つめ直してもいいのではないでしょうか。

3　松田喜一の生き方

†百姓仕事への傾倒

ほとんどの農本主義者に共通する思いは、「百姓仕事」への限りない傾倒と情愛です。このことの大切さを実感を込めて、じつにうまく表現した百姓を紹介します。

松田喜一は明治二〇年熊本県松橋町（現宇城市）に生まれ、昭和四三年八〇歳で亡くなりました。その私塾「松田農場」は、かつて九州でその存在を知らない百姓はいないとも言われたほど有名な私学校でした。彼は大正九年三二歳の時、熊本県立農事試験場を退職後すぐに「肥後農友会実習所」を開設します。彼の主著『農魂と農法・農魂の巻』（日本農友会出版部刊、昭和二六年）に、そのときの決意を「農業改良を叫ぶ者なら日本にいっぱいいる。実地に自ら手を下し、論より証拠を示して改良を促す者は皆無にちかい。よし己がやって見せる」と記しています。

しかし、彼は挫折します。「さて、いよいよこれに手を染めてみて、今更のごとく驚いた。百姓という仕事は、外から見るような、そんな生やさしいものではなかった」。最初の農場は数年で立ち退かざるを得なくなります。しかしここからの「根性」が並大抵ではないのです。松田は干拓地に場所を移して、再挑戦し、幾多の苦難を克服して、卒業生二万人、二泊三日の短期講習会に多いときには六〇〇〇人が集まるほどの「私塾」に育て上げました。それは昭和四三年まで存続したのでした。

松田はくりかえしくりかえし説いています。「農業を好きで楽しむ人間になれ」と。そ

の極意はというと（以下は断らない限り『農魂と農法・農魂の巻』からの引用です）、

農作物が図抜けてよくできつつある。朝起きるとすぐに見に行く。今しがた見たばかりである。一時間や二時間の間にそう変わるものではないことは知りつつも、見に行く。夕方はいよいよ廻り道までして見に行く。このように農作物から魂を奪われ、朝は寝て居れないから早く起き、昼は暇がおしくて遊んで居れないから働く、どこが朝起きが辛いか、どこが働きが苦痛か、これらはみな農作物から心を奪われ、己を忘れて、相手本意になっておればこそである。これが「忘我育成」の「農魂」である。

この百姓仕事への没入の楽しさである「忘我」の心境を、戦後の農業教育は見向きもしなくなりました。まさに百姓仕事の世界の「精神論」を語る指導者が少なくなっていた時代に、松田は屹立していたのです。そしてここにこそ、農本主義の「原理」がありました。松田は昭和四二年に出版した『農業を好きで楽しむ人間になる極意』でさらに言葉を重ねています。

今の時代では特に、この農魂が必要になってきました。昔と違って、右も左も給料取りばかりで、骨折らずに派手な生活してみせるものが多くなり、その上引き手あまたで、学生の時代から給料取りに誘われつつあります。いくら、秀でた学理や機械化農業の道が開けても、また所得を増し、生活水準を引き上げてもらっても、この滔々たる世流の誘惑には、百姓嫌いになるのが人間であります。しかし百姓を好きで楽しむ人間になれば、一切百姓の辛さが無くなり、仕事が道楽になるのであります。働きが道楽なら、「労働時間の短縮」が大迷惑、ことに「いかなる慰安娯楽よりも百姓が楽しみ」の人間には、日曜も祝日も通用しません。

まるで、百姓には遊びも休日もいらないと言わんばかりです。松田の頭にあったのは「近代化された労働」ではなく、近代化される前の百姓仕事の深い世界だったのです。現代において、農本主義が復活するかどうかは、この深い世界の魅力によって近代化精神を色あせて見えるようにできるかどうかにかかっています。

松田喜一の発言や著作には決して「労働」という言葉が出て来ません。たしかに、「労働」という言葉で語るようになった途端に、仕事は「近代的労働」になり、経済に換算され、松田の言う世界が見えなくなるのです。

百姓仕事に没入すると、我を忘れます。この「忘我」の境地こそが松田の農本主義の土性骨なのです。松田の言う「農魂」は、二つの展開を見せます。

一つは、国家権力からの逃避あるいは距離を置く生き方となります。これは「日出でて作し、日入りて息う。井を鑿ちて飲み、田を耕して食らう。帝力何ぞ我に有らんや」（中国古代の撃壌歌）というような生活が実現しそうな錯覚に誘います。たしかにこれは国家が見えないという錯覚の中での境地かもしれませんが、こうした世界があればこそ、社会の主潮に背を向けて生きていくことができるように思えます。

だからこそ為政者などの似非農本主義者に「農魂のない人間に限って、「農は国の大本」なんか言って、百姓でない指導者達が百姓の青年を励ますけれど、なかなかその手には乗らないのである」と吐き捨てることもできました。

†百姓仕事の核心である「忘我」

もう一つの展開方向は、近代的な経済価値への反撃のための伝統的な「天地観」の再構築です。

農作物は天のめぐみをうけて育つのである。つまり農作物ができるのは「天」と「地」の御力である。人間はただお手伝いをしているだけのことである。ゆえに出来た収穫物の大部分は天地に御礼を申さねばならない。

「農業技術」は人間が自然を相手にして、農作物を「つくる」ものですが、百姓仕事は「手入れ」に徹するのです。なぜなら農作物を育てる主人公は天地だからです。

松田の著書には「自然」という言葉が、ほとんど出てきません。その代わりに使われるのが、「天地」です。「自然」と「天地」は同じものを指しているように見ますが、見方が全く異なります。天地と人間は一体になれますが、自然と人間は別物で分かれています。天地は人間を包みますが、自然は人間の外側に対象化して見るものなのです。要するに「自然観」と「天地観」は異なるのです。

名詞の「自然」は明治二〇年代にNatureの翻訳語として、それまでの「自然な」という意味しかなかった副詞の「自然」に、新しく追加された意味です。江戸時代にNatureに当たる日本語がなかったことは、とても重要です。私たちの祖先は人間と自然を分けることがなく、人間も自然も含む「天地」という言葉しか持たなかったのです。ところが今日でも多くの日本人は、「自然」という言葉を「天地（人間も含む）」に置き換えて使っているのです。

松田喜一は「我を忘れて」「天地と一体になる」の境地で、言葉を換えれば伝統的な

「天地観」で資本主義経済に対抗しようとしたのです。

しかし、農本主義が復活・再生するためには、農本主義の最大の原理である「天地への没入」という百姓仕事の喜びと、その母体となっている天地自然観だけでは、何かが足りないのです。それをさがしてみましょう。

4 農本主義の理論化

†かつての農本主義者の思考法

農本主義を復活させるためには、「農の本質（原理）」という発想はどこから生まれたかをもう一度振り返っておく必要があります。農業の衰退を「時代の流れだ」「資本主義の発達に伴う現象である」「農政の失敗だ」などととらえるのは、誰でも考えることです。そうではなく、もっと深いところで、農の一番大切なものが蹂躙されているという感覚を持つ人間が農本主義者です。

農本主義者とは、外からのまなざしで徹底して考える人です。しかしそれでは納得いく解答がえられないと気づく人です。そこで内からのまなざしでつかむしかない、つまり自分の百姓の体験から、感覚で感性で情感でつかむしかないと自覚した人です。そして、それをみんなのために表現しようとするときに、外からのまなざしも必要だと気づく人です。

もうひとつ付け加えるなら、その農の大切なものを「農の本質」あるいは「農の原理」だとして理論化しようとする情熱を持った人が農本主義者です。

橘孝三郎は村で百姓に専念するかたわら、「愛郷塾」を開いて百姓の青年たちを教育していました。足下で資本主義の猛威を食い止めるためにも、「農とは何なのか」と考え抜き、それを理論化・思想化しようとしたのです。

それは、「みんなのため」です。橘は当初から社会転覆などを考えていたわけではありませんせん。工業や商業だけが栄え、農の大切さは見向きもされなくなっていくので、「農とは何なのか」を深く豊かに表現して、まず百姓に手渡そうとしました。ここに農本主義者の特徴がよく現れています。

そのためには、農を資本主義に乗せるための農学ではダメで、野の学を創学します。そのために書かれたのが『農村学（前編）』でした。しかし「後編」が書かれなかったことでもわかるように、彼の野の学問は完成しませんでした。

では、橘はなぜ「農は資本主義に合わない」つまり「資本主義によって農の本質が破壊される」と気づいたのでしょうか。これは内からのまなざしだけでは気づくことはできません。彼が新しい「学」をつくろうとしたのは、外からの見方も必要だとわかっていたからです。

†百姓の「学」

社会変革の運動を起こすためには、それを動かしていく精神と、それを貫く主義とが不可欠である。その精神とその主義は、学によって基礎づけられなくてはならない。にもかかわらず農民に対して欠けたるものがあるとすれば、農民精神と農民主義を養うに足る学であろう。(『農村学』)

現代の私なら、橘の言葉を次のように言い換えます。

「今まで百姓のための学はなかった。しかし百姓が時代に対して抱いてしまう違和感や嫌悪感を表現しなければ運動にはならない。主義として表現するから多くの人の共感が得られる。しかし百姓の感覚はあくまでも内からのまなざしによるので、なかなか表現しようという気にならない。自分だけが抱きしめておれば済むものだからだ。一方、既存の学は外からの科学的で合理的な見方ばかりだ。こうした学では、ほんとうの農の本質は表現できないし、守ることもできない。そこで、農の本質を外からのまなざしを借りながらも、百姓の内からのまなざしと交わるところで、みんなのために表現しようではないか。その表現が鍛えられ、深化していくなら農の本質が理論化でき、思想化でき、現代社会にどう対処していいかがはっきりしてくる。百姓ならではの主義となる」

橘の「学」のとらえ方は、学者とは別物です。また普通の百姓ともちがいます。普通の百姓は「学」など求めません。しかし当時の農学は、いかに農業を資本主義に乗り遅れないようにするかという使命を帯びていました（現在でも大方はそうです）。橘は「農本主義」と「農の本質（原理）」を基礎づける「新しい学」を自分で創るしかなかったのです。

そのためには、

> この農村荒廃と、この甚だしき病態化社会の病根を正しくつきとめるためには、われわれのために時代が用意せる学に忠実になるのではなく、事実の示す真相に忠実になるべきだ。理論に事実をはめ込むことは絶対に不可であり、専門的学者のするような学にならう必要はない。（『農本建国論』）

と断言します。そして橘は在所での自分の体験を通してしっかり現実の真相を見つめ、それを補うための統計数値などの外からのまなざしも活用して思想化し、みんなのための「学」をつくりあげようとします。

私はここには「内からのまなざし」と「外からのまなざし」を融合させ、既成の学とは違った高みに引き上げていこうとする橘の方法論を読みとります。彼にとっての「学」とは百姓の世界を理論化・思想化するための「道具・方法」だったのです。

多くの学問は、創学の時は、このように個人の痛切な動機から生まれてきました。やがてほとんどの学者は、既成の学の軌道の上を走りながら、新しい知見を付け加えるだけでよくなります。「野の学」はその道すらも敷設していくしかなかったのです。それは、現実をより深く、より広く、より長くつかみたいと感じる動機の痛切さと共に、みんなのためにという使命感があったからこそ可能でした。私が『百姓学』を提唱し、築きあげようとしているのも同じ志なのです。(『百姓学宣言』農文協、参照)

†「農本主義」という言葉

橘孝三郎だけでなく権藤成卿もそして松田喜一も意外に「農本主義」という言葉を使っ

ていません。「農本」の語源は、日本書紀の巻第五（崇神天皇）「詔(みことのり)して曰(のたま)はく、「農(なりわい)は天下(あめのした)の大本(おほきなるもと)なり。民(おほみたから)の恃(たの)みて生(い)くところなり。」とのたまふ」です。

この「農は天下の大本なり」は、古来からよく引用されますが、『漢書』文帝紀の丸写しなので、日本のオリジナルな思想ではありません。しかし、この「農は国の本」という考え方は、為政者の見方として今日まで続いています。

かつては租税の源として、近代になっても地租をもたらし、かつ「国富」として重要だったからです。橘も「昭和二年には米の産額は一七億円、米はわが国の農業生産物中の中心だけではない、全生産物の中心である。生糸の生産額は八億円、綿織物が七億円、（これに比べれば）鉄及び石炭の産額は到底米に及ばない」と言っていますから、まだまだ昭和初期には、農産物の経済価値（国富）が「農の価値」として強かったのです。

したがって為政者の「農は国の本」とは、租税源、国富として重要だと言っているに過ぎません。百姓の人生に立脚した農本主義とは別物だと言ってもいいでしょう。

なお「農本主義」という言葉の初出は、明治三〇年に発表された横井時敬の「農本主義」という論文のようです（『横井博士全集第八巻』所収、大日本農会）。横井は工業重視の「工本主義」では、農民が犠牲になることに危機感を抱いて、国家に農本主義を採用するように主張しています。あくまでも学者としての外からのまなざしのもので、深みはありません。ただその後工業は隆盛し、「工本主義」という言葉は不要になって消え去り、農本主義だけが残ったのは象徴的です。資本主義社会で工業への対抗思想として生まれざるをえなかった農本主義の悲しみはずっと引きずられていくのです。

5　農本主義の三大原理

これまで紹介してきた三人以外にも農本主義者はたくさんいますが、ここでは彼らが発見した「農の本質(原理)」の中でももっとも重要なもので、現代でも通用すると、私が考えるものを、三つあげて簡単に説明してみましょう。

†近代化批判・脱資本主義化という考え――第一の原理

農本主義者は、「農は本質的に、産業化、資本主義化、経済成長には合わせられない」と見抜きました。なぜなら、百姓仕事の相手である「生きもの」(田畑、作物、生きもの)は経済で生きているのではないからです。そもそも「生産性」という概念は、工業から生まれたもので、生きものの「生命」にとっては、異質で異常です。

資本主義は「限りない成長」を必要とします。ところが百姓仕事は、人間の欲望を追求するのではなく、天地自然の大きなふところの中で、めぐみを分けていただくものです。ところが農業の近代化とは「天地のめぐみが人間の思うようにならないこと」をこともあろうに「自然の制約」と見立て、またためぐみの増大を「自然の克服」と言い立てました。その傲慢さが、さまざまなところで天地自然を傷つけています。

しかし、近代社会はそれを百姓に求めてきましたし、多くの百姓もまたそれに応えようと努力してきました。農本主義者はこれ以上、天地有情の共同体を破壊してはいけないと声をあげているのです。

農本主義者・橘孝三郎は資本主義を批判するためにマルクスをよく読んでいましたが、いわゆる「労働」と「百姓仕事」は本質的に異なると気づきました。百姓仕事はカネにならないものまで生みだします。それは、人間が生みだすのではなく、生みだす主体は「天地自然」です。ここにこそ資本主義の先の世界の可能性がしっかり見えています。

次に、人間の生もまた、本質的には近代化できないのではないか、と考えます。農を「成長産業」にしようとする目論見は、人間の中でも最も天地自然に抱かれて生きてきた百姓から「人間らしさ」を奪うことになるというのが、農本主義の主張のひとつなのです。

†在所があって国がある・ナショナリズムよりパトリオティズムを優位に——第二の原理

在所の村は、明治になって日本という国民国家ができる前から存在していました。先に国があったのではありません。大日本帝国はアジア太平洋戦争で敗れましたが、田舎の在所は、自然は、山河はちゃんと残ります。まさに「国破れて山河あり」でした。敗れた日本人たちは国に帰ったのではなく、残ったふるさとの家族のもとに帰ったのです。

近代の国民国家は強力に「国民化」を「教育」を通して進めてきました。そして国家が経済的に栄えれば国民も幸せになるし、「地方」も栄える、と教え込んできました。これは主客転倒です。在所が豊かで美しいから、国家も美しく豊かになるのです。

つまりナショナリズム（愛国心）とパトリオティズム（愛郷心）は別物で、愛郷心は愛国心がなくても成り立ちますが、愛国心は愛郷心がなければ成り立たないのです。現代人は、このことすら忘れ果てています。

ましてほんとうの「自治」は、天地有情の共同体の範囲でしか成り立ちません。「地方自治体」が自治の担い手などと言うのは、大きな間違いであって、在所の共同体こそが自治の主体です。「地方」という名称が既に、「中央」に隷属している証拠です。

近代の国民国家は封建時代を否定し、西洋の近代化思想の上に成り立っていますが、封建時代は国よりも、藩よりも、在所の村が世界の中心でした。農本主義者はここに立脚して、国民国家を乗り越えようとします。

†自然への没入こそが百姓仕事の本質だという気づき——第三の原理

急速に工業が発達してくる時代にあって（大正時代に工業生産額が農業生産額を上回るようになりました）、百姓ですら工業へ、都会へとなびいていく風潮に、農本主義者は危機感と嫌悪感を抱きました。だからこそ、百姓仕事を救い出す思想的な根拠を必死でさがし、「農とは何なのか」という問いへの決定的な答えにたどり着くのです。

時を忘れ、我を忘れ、悩みを忘れ、経済など眼中になく、百姓仕事に没頭しているときが一番幸せです。そしてはっと我にかえると、天地自然に囲まれている自分がいるのです。ああ、もう日も傾いている、と気づきます。こういう人生こそがもっとも人間らしいのだと、農本主義者たちは発見したのです。

今日では、人間の生きがいは行方不明になろうとしています。人生も経済価値で計られるようになり、「費用対効果」が教育などにも適用されています。事態はさらに深刻になっているのです。百姓に限らず、人間は効率や生産性を求められ、仕事は労働に変質し、疎外感に包まれています。ここから脱出する道は、自然への没入、天地に抱かれることです。これが現代の若い人にとっても新鮮に見えるようです。現代でも少なくない若い人が農に憧れるのは、このためなのです。

これ以外にも「農本主義」の考え方はいっぱいありますが、それはこれからさらに語っていくことにします。

6 農本主義は再生する

†農本主義が葬られてきた理由

戦後、農本主義が葬り去られた理由の最大のものは、ファシズムの母体となったと決めつけられたことです。満州事変（日中戦争）が始まると、国民は次第に戦時体制に組み込まれ、農本主義思想も他の思想と同じように「国体」思想に取り込まれていきます。しかし、権藤成卿は日中戦争に断固として反対していましたし、橘孝三郎は満蒙開拓・移民に反対していました。したがって、農本主義だけが戦争に利用されたのではないのです。

農本主義がファシズムと混同される最大の原因は五・一五事件にあったことは明白です。

戦後になっていち早く農本主義を批判した丸山眞男の言い分に耳を傾けてみましょう。

日本ファシズム・イデオロギーの特質として農本主義的思想が非常に優位を占めていることがあげられます。そのために本来ファシズムに内在している傾向、即ち国家権力を強化し、中央集権的な国家権力により産業文化思想等あらゆる面において強力な統制を加えてゆこうという傾向が、逆に地方農村の自治に主眼をおき都市の工業的生産力の伸長を抑えようとする動きによりチェックされる結果になること、これがひとつの大きな特色であります。（「日本ファシズムの思想と運動」昭和二二年）

丸山は農本主義の「自治重視」「農業重視」をきちんと見ておきながら、国家権力に利用された側面だけを過大視しすぎています。歴史が示すように、戦前も戦中も日本が農本主義国家になったことは一度もありませんでした。まして農村の自治によって、国家の政策がチェックされることなどまったくありませんでした。

丸山も上記論文の後半では、「そこでファシズムが観念の世界から現実の世界に降りていくに従って農本イデオロギーはイリュージョンに化していくのであります。それが右翼勢力、なかんずく軍部のイデオロギーの悲劇的な運命であります」と言っています。

農本主義が「幻想（イリュージョン）」だったのなら、なぜ日本ファシズム思想の中心だと言えるのでしょうか。農本主義は決してファシズムを担ったのではなく、在所においては、国家に対峙した反体制運動でもあったのです。しかし丸山は、そういう側面を見ようとしていません。村から、土から生まれた農本主義の側面には目をふさいで、五・一五事件などの「急進ファシズム運動」ばかりを追っています。しかし、彼らは国家から処刑されたことはあっても、国家に採用されたことはありませんでした。それなのに、なぜ？というのが私の丸山に対する根本的な疑問です。

戦後は丸山流のファシズム理解が受け入れられ、農本主義はファシズムの属性になってしまいました。これまで戦後七〇年間何度か、農本主義を再評価しようとする著作もありましたが、うまくいっていません。その理由は、

①農本主義を「反国家主義」「反近代主義」「反資本主義」「原理主義」「反人間中心主義」と見る視点が、弱いからです。
②農本主義を百姓の視点から見る見方がなかったからです。
③農本主義を、「農は国の基」などというスローガンから解放できなかったからです。

これから農本主義を再生させようとするなら、なぜ農本主義が一度滅びたのかをしっかり分析しておかなければなりません。じつは丸山らの知識人の批判にもかかわらず、農本主義の運動は戦後も生き続けました。それは九州では松田喜一の松田農場という私塾の隆盛によく現れています。なぜ松田農場は盛況だったのでしょうか。松田は、国家との対立を表に出さず、戦後民主主義を評価したからです。社会の近代化・資本主義化には、百姓仕事の「忘我」の境地で対抗していきます。まさに最後の戦いを挑むような気迫がありま す。

しかし「誰もがサラリーマンをうらやむような時代になっても、自然と一体になることができる仕事は百姓しかない」という農本主義は高度経済成長を迎え、個人主義と人間中心主義が世の中を覆い、農産物も「できる」のではなく「つくる」ような世界観に転換していく中で、一度は社会の表面から消えてしまいます。

その主因は近代化精神を物欲として追求する資本主義的価値観の猛威でした。農業を経済価値に置き換える思想が、天地自然に抱かれる精神世界を駆逐していったからです。農業の価値を合理的で科学的な視点で把握する習慣が農村にも浸透していったのです。

こうして、かつての農本主義者が唱えた反近代・反資本主義の価値観は敗戦によってではなく、高度経済成長に敗北を期したと言ってもいいでしょう。

†近代化政策の暗闇

したがって、この高度経済成長に影が差し、その弊害が現れ始める頃から、農本主義の再生の条件が整い始めました。有機農業の運動は、農薬中毒によって年間数百人もの百姓が死亡していった昭和三〇年代には生まれず農薬による汚染が母乳にまで及んで初めて、食べものの「安全性」が農の価値に求められ始める昭和四〇年代を待たねばなりませんでした。

同じように、生きものの激減に象徴される自然環境の破壊への対案は、昭和三〇年代ではなく、昭和五〇年代まで待たねばなりませんでした。農とは食料生産だけでなく、天地自然に支えられ、同時に天地自然を支える営みであることが、国民に認識され始めたのは、最近のことです。

まして、百姓仕事が人間らしいのは、天地自然に抱かれて、人間中心主義を乗り越えることができる境地に達することだ、というような認識はこれからの時代に花開くものでしょう。

京都大学の大石和男は、一九七〇年代以降のさまざまなオルタナティブ運動を「農本位の思想運動」とまとめ、これは新しい農本主義運動だと言っています。しかもこれに似た運動は、経済成長至上主義や科学技術至上主義が行き詰まってきた世界各地で起きているそうです。

そこで問題をはっきりさせるために、①近代化を「西洋の価値観に合わせる」こと、②資本主義化を「経済価値でものごとを評価する」こと、③科学化を「科学的なものの考え方が正しいと判断する」こと、④国民化を「国益を優先させる」こと、だと言い換えてみましょう。

この結果、在所の農を、①伝統的な価値観から解き放ち、②経済価値を増やすことが豊かさだと考え、③百姓仕事から精神性を振り払い、④日本農業の一部だと思いこもうとした百姓が増えてしまったのが戦後の日本の社会だったことがわかります。

ところが、現在では農を、①在所の風土の中に置き直し、②カネにならない価値の優しさに心をうたれ、③自然を征服する科学技術を行使する産業ではなく、天地自然に背かない営みだととらえ、④国民国家の中での位置づけではなく、在所の隅々を支える生業だと、考える人たちが増えてきているのです。

有機農業の運動、減農薬の運動、自然農法、産直運動、即売所、地産地消、地元学、百姓学、新規参入、定年帰農、田舎暮らし、半農半X、集落営農（の一部）、環境支払い提言、ベーシックインカム運動、農業体験、田んぼの学校、生きもの調査、農的な精神治療などに通底する「農の本質」を抱きしめていく試みは、静かに広がっています。

農本主義者が、農は資本主義に合わないとして、資本主義の先に思いを巡らしていた気持ちを私たちは、やっと引き継ぐことができるようになったのです。

かつての農本主義をもう一度掘り起こして、再生させようとする私の意図にたどり着くことができました。資本主義がどういう終わり方をするかは、私にはわかりません。しかし資本主義の矛盾はこれからもさらに大きくなっていくでしょう。農本主義はできるだけそれを早く、はっきりと、さまざまな局面で表現していくことになります。これからの章ではそれを明らかにするだけでなく、資本主義が終わった後の私たちの世界を構想してみます。

第2章

資本主義の限界

——反経済の思想

1 資本主義への違和感

†資本主義の本質

村でくらしていると、「資本主義には成長が不可欠だ。したがって経済のグローバル化は避けられない」と言われても、まるで実感は湧きません。それは徹頭徹尾、外からの見方だからです。「外からの見方」とは、村の外からという意味と、自身の実感ではなく、どこか知らないところでつくられた価値観にもとづく見方だという意味があります。

百姓の内からのまなざしでは、経済価値では計れないものが世界の大半を占めるのに、なぜ農を「経済」で取り扱う風潮ばかりが強くなるのか、と違和感を覚えます。

この「何かが、おかしい」という違和感は大切です。「現在の米の価格は生産コストを大幅に下回っている」と言われても、米の価格をコストで計算できるのだろうか、しっかり手をかけて育てれば、コストは高くなるけど、それが時代遅れだというのは、何か大切なものを忘れているのではないだろうか。今年は干魃で、水が足りなくて、一日に何回も田んぼに通っているが、それを労働時間が多すぎると言うのは、田んぼに失礼なことではないか、などと違和感は次から次に湧いてきます。

百姓には、「農というものは、経済価値では計れないものが土台にある」という体感があるからです。資本主義のシステムでは漏れてしまうものが多いのが、農の世界なのです。

†変わらないもの

「資本主義の原理」とは、百姓の日々の暮らしの内からのまなざしではつかめません。そのため農本主義者は、外からのまなざしである「経済学」も学ばざるをえなかったのです。かつて、多くの農本主義者が当時では高学歴であったことは、そのことを証明しています。経済学では「資本主義とは経済成長を不可欠とするシステムである」と教えています。「資本が増えなければ、資本主義は行き詰まる」と説いています。それに対して百姓なら、すぐに疑問に思います。「太陽の光も、水も、土も毎年増えていくわけではないし、作物の収量だって毎年増え続けていくことはできないし、なぜ去年といっしょではいけないのだろうか」と。

経済成長で、国民の富（GDP）が増え、ひいては国民の所得が増え、国民が幸せになる、という説明にはどこかに欺瞞があります。毎年同じような仕事や商いをしている状態の社会は資本主義ではないのです。

そのためには、総需要と総生産がともに増え続けないといけません。ところが、日本ではこの二〇年間は、名目経済成長率が一%を切っています。もう成長は止まったという見方をする経済学者が増えています。さらに日本では二〇〇五年から人口が減り始めています。現在では、成人になる人口は、団塊世代当時の半分となり、働き手が激減しています。戦後日本の高度成長は団塊世代の人口増加が主原因だと見られていますから、もう高度成長は望めないばかりか、そもそも現在の経済規模がこれからも必要かどうかも疑問です。そこで減少し続ける国民（人間）の代わりが必要になるからこそ、科学技術の発展に期待がかかるのです。しかし技術革新によって、生産は増えるかもしれませんが、需要（消費）は増えないので、成長がとまってしまいます。

それにもかかわらず、歴代政権が「経済成長」を政策の一番に掲げるのは、資本主義経済を破綻させたくないからでしょう。資本主義の欠陥が噴出してくるのを避けたいからです。TPP（環太平洋経済連携協定）を推進する目的もここにあります。これからも経済成長を続けるためには、成長力の強い産業をさらに成長させるために、国境を越えて国内や外国の成長力の弱い産業を犠牲にするしかないからです。したがって、TPP反対運動は反資本主義でなければなりません。しかし、百姓にも弱みがあります。それは、百姓であるる私たち自身が知らず知らずのうちに資本主義に取り込まれているからです。

†資本主義の影響を受けたこと

私たち百姓自身も意識しないのですが、相当資本主義的な価値観に染まっています。資本主義の価値観に影響を受けているのはどういう点でしょうか。

【安ければいいのか】

TPP交渉の妥結を報じる新聞は「消費者は安い農産物が手に入る一方で、農家には影響が出てくるでしょう」と書きます。これは「少ない労働時間で、少ないコストで生産すれば安くなる」という価値観の反映です。しかし、「価格」とは、その人が使うときに感じる価値（使用価値）で決めるものです。ほんとうにいいと思うなら、高価で買うこともあります。生産コストで計算して決めるものではなく、また「市場経済」で決めるものでもなかったことは忘れられています。

【競争はいいことなのか】

資本主義経済では、生産性を比較できます。そこから「競争」が生まれました。今では

「産地間競争」はあたりまえの現象です。TPP反対とは、外国とは競争をしたくないということでしょう。しかし、日本の国内では熾烈な産地間競争で百姓同士が足を引っ張り合っているのです。

本来、天地自然のめぐみは経済価値で競争するようなものではなかったのに、農産物も平気で「比較」し、「選択」してしまうのが、現代の風潮です。

【産業化したのはよかったのか】

農は「他産業並み」の産業になることをひたすら目指して来ました。農を「農業」にするために、農を経済価値で分析する「農業経営」が、外から（政府や指導機関から）農家に持ち込まれました。その結果、どうしたら資本主義のシステムに適合したらいいかはずいぶんわかるようになりましたが、農の価値はむしろ見えなくなっています。

近年政府が百姓に要求している「経営能力の向上」には、天地自然とのつきあい方や、風景の眺め方や、神へのお礼の仕方は入っていません。

【カネにならないものは無価値なのか】

カネになるものが価値があり、カネにならないものには価値がない、という思考法が定着してきました。カネになるもののために、カネにならないものが犠牲になることが日常茶飯事となりました。カネにならないものの代表は天地自然の風景や生きもの（有情）たちです。農業の産業化とは、カネにならないものをタダどりしたからこそ実現できたのです。いつの間にかそれが振り返られることもありません。

【グローバル化はいいことなのか】

資本主義が推進する「貿易のグローバル化（自由貿易）」とは、足りない国の住民に余った国の百姓が余った農産物を輸出するものではありません。それなのに日本政府も自治体も農協も「農産物の輸出戦略」を立て、積極的に太鼓を叩いています。輸出すると「国内農業の売り上げ」が増えて、国内農業が経済的に発展するからです。

相手国のための田畑が日本にあり、日本国の天地のめぐみの消費者が、遠い国にいるというのがグローバル化の本質です。天地のめぐみは行き場に困ります。

【経済で語る習慣は正しいのか】

ある村での調査で、高齢者で百姓とそうでない人とでは、百姓の方が健康だという結果が出たそうです。歳をとっても百姓なら天地自然の下での仕事はいくらでもありますし、天地有情の中でのくらしは健康にもいいだろうな、と思います。ところがこの調査は、医療費を調べて、百姓の方が年間一〇万円ほど少ないという結果に基づいたものです。資本主義の尺度を何の疑いもなく利用することには疑念を抱きます。

何かいいことがあると、すぐに経済効果は何億円だと発表するのが普通になりました。災害でもすぐに被害額を推定して何億円と発表します。もっと大切なものは金額の多寡では論じられないのに、そちらの表現は後回しにするのです。

このように「資本主義の尺度」は、資本主義が扱えない世界を意識的に無視しています。そうしないと、社会を経済的にコントロールできないからです。私たちもいつの間にか、経済優先の価値観に染まってきています。

2 なぜ農は資本主義に合わないのか

農は資本主義に合わせるために、農学の全面的なバックアップを得て、「産業（農業）」になろうとしました。そのためには農の中の大事なものを捨てなければ、産業にはなれなかったのです。その捨てざるをえなかったものこそが、農が資本主義に合わない理由の本体です。その中から、最も大きなものを四つだけ取りあげましょう。

【百姓仕事の相手は天地自然】

橘孝三郎の言い分を聞いてみましょう。

> 我々は技術によって稲や牛の生命を創造することもできなければ、天地自然がこれらを育てていく力を抜きにしては何もできない。我々はただ稲や牛の生命を見守って、自然の命ずるままに、相手の稲や牛が促すところに従って、手入れの限りを尽くさなければならない。（『農村学』）

百姓は田畑で生きもの（作物・農産物）をつくれません。つくる主役は「天地」です。したがって農業生産とは、天地自然が生産するのを百姓が手助け（手入れ）するだけです。その手助けする部分だけを取り出して、農業技術の成果だと主張するのは、強弁です。

「こういう新技術を行使すると収量が五％増えた」というのは、決して技術の世界ではなく、そういう手入れの変化によって、天地自然の潜在力がこれまで以上にめぐみとして引き出されてきたのです。

それが天地自然に負担をかけている場合も多いのに、農業技術はその負担（負荷）に目を向けることがありません。それどころか、その農業技術によって、天地自然に対して生産性を向上させることができた、と思い込んできました。農業の生産性向上とは、こういう錯誤によって実現できたのです。

すべての農業技術は天地自然に負担をかけます。例外はありません。ただその影響を把握する技術が、当の農業技術に含まれていないのです。たとえば近年では田んぼの畦に除草剤を散布するのではなく黒いシートを張る「環境にやさしい技術」が開発普及されています。畦草刈りの労働時間が短縮できると評価されています。しかし、畦で生きていた生きものは住処がなくなります。風景も異様で、野の花も咲きません。

これはほんの一例ですが、近代化技術の開発者には、こうした視点はありません。なぜならこれは「資本主義の尺度」に含まれていないからです。それなら技術が生きものに与える影響を「生きもの調査」として、技術に組み込めばいいではないかと、私も考えた時期がありました。そのための「生きもの調査」の手法も開発したのですが、大きな壁にぶつかってしまいました。

その壁とは、生きものへのまなざし自体が「資本主義の尺度」である「労働生産性」と真正面から対立してしまうというものです。生きもの調査を始めた百姓の多くが「まだこんなに生きものがいたのか」と驚きます。そしてそれから「田んぼに行くと生きものに目を注ぐ時間が長くなった」と答えるのです。そうすると「労働時間」が長くなります。それによって反資本主義的なまなざしが復活します。

つまり天地自然を相手にしていると、「労働時間」や「労働生産性」などの尺度を忘れてしまうのです。

アダム・スミスは有名な『国富論』（一七七六年）の中で、「農民が戦争に行く場合には、労働をしなくても、残った仕事の大部分は自然が行ってくれる」（山岡洋一訳）と言っています。かつての経済学者は、まだまだ自然の役割を認めていたのです。ただこの場合でも、自然には労賃は払われていません。自然はただ働きをして、百姓を支えているのです。

はっきり言っておきましょう。農が資本主義に合わない理由は、資本主義は天地自然の力をタダどりして恥じないからです。天地自然はその力を傷つけないように、天地自然の法（のり）に則って、天地自然のふところの中で生きるものたちには、そのめぐみを豊かにもたらします。その本質は、毎年変わらないところにあります。発展や進歩は天地自然のふところの範囲で行われれば、弊害もありません（悪影響が出た場合は、すぐに対処できます）。しかし、天地自然を経済成長のために利用しようとすると、天地のめぐみは衰えていくのです。

【百姓の欲望は肥大しない】

天地自然を相手にしていると、天地自然のふところの中で生きることを学びます。天地自然に願うことはあっても、要求を突きつけたりはしません。豊作の年は天地に感謝し、不作の年は自分の手入れを反省し、天候不順の年はそういう天地も引き受けてきました。たとえば「多収」や「増収」は外発的な発想です。なにか多収にしなければ、増収しなければならない事態が生まれたから、そういう言葉ができました。「米が自給できない」とか「安い米を供給してほしい」などという時代の要請があったからです。

実は、弥生時代から江戸時代まで、米の反収はたいして変わりませんでした。収量が飛躍的に伸びたのは明治時代中期以降です。それまでは、米だけでなくいろいろな食べものをとれる範囲で食べていたのです。

ところが資本主義の発達は、否が応でも欲望を刺激します。いや原因と結果をつい取り違えてしまいました。欲望を刺激し、掘り起こしたからこそ、資本主義は発達したのです。

経済発展が続くということは、常に需要（消費）と生産（供給）が増え続けなければなりません。そのため「もういらない」という感覚は、反資本主義だと言えるでしょう。

ここで三〇頁で紹介した橘孝三郎の言い分にもう一度耳を傾けてみましょう。「百姓が抱かれている天地自然のふところでは、いくらきょろきょろ見回しても、交換価値という資本主義的な尺度は見当たらない」。

たぶん多くの人は「農産物」は交換価値（経済価値）ではないか、と疑問に思うでしょうが、それはすでに資本主義的なまなざしを身につけてしまったからです。資本主義では本来はカネでは評価できない農作物を交換価値に仕立て上げる必要がでてきます。せめて、めぐみを経済価値と非経済価値に分ければよかったのですが、誰もそういうことをしませんでした。資本主義にはもともとそういうしくみはないので、市場に任せたのです。こうして、非経済価値が市場から追放されます。人間の欲望をしずめる装置は市場にはありません。

自給経済ならともかく、資本主義社会で経済成長を続けるためには、生産（供給）と需要（消費）が増え続けなくてはなりません。しかし、人間の欲望とは、無限にわき出てくるものでしょうか。むしろ資本主義によって、目覚めなくてもいい欲望までが目覚めるようになったのではないでしょうか。

欲望が肥大化する社会は疲れます。欲望が大きくなる人生は、安心や安堵がありません。百姓は天地自然に抱かれて生きようとしますから、常に欲望が鎮められ、むしろ縮小していきますが、これはすべて市場の外で行われます。

【天地有情の共同体を破壊する】

農本主義とはいわば「在所中心の思想」の様相を呈しています。なぜなら、天地自然とは自身が五感で感じる範囲の世界だからです。天地自然とは在所の天地自然なのです。ところが資本主義では「在所」という観念はまったくありません。

もとより在所は眼中になく、利潤があるところなら、軽々と国境も飛び越えて、移動するのが「資本」です。「在所の思想」とことあるごとに摩擦を引き起こします。その最たるものは、カネにならない価値を平気で無視するだけでなく、踏みにじります。天地有情の共同体の構成員は、天地に生きる生きものすべてですが、そのなかで人間の経済的な利益があまりにも重視されています。

ここで意外な生きものに目を向けてみましょう。平成二八年になって、奄美大島に根絶されていた蜜柑小実蠅（ミカンコミバエ）が再侵入しました。小山重郎の『昆虫と害虫』（築地書館、二〇一三年）は、こうした事態を予見していました。蜜柑小実蠅は「雄除去法」で根絶されました。

よく似た瓜実蠅（ウリミバエ）は放射線による「不妊虫放飼法」で根絶された有名な業績です。小山は沖縄県における瓜実蠅根絶の立役者ですが、沖縄では根絶後も「毎週」七〇〇〇万頭の不妊虫を放飼し続けなければならないことに疑問を呈しています（費用は毎年一億円を越えるそうです）。

これは「国家プロジェクト」だからできることです。日本の国土である南西諸島から、日本本土へ蜜柑や苦瓜やマンゴーなどが「移出」できるようにするために実施されました。ところが、南米や東南アジアの農村では、実蠅はたいした害虫ではなく、袋かけなどの伝統的な防除法で防げるそうです。それなのに多くの国家が「根絶」を図ろうとするのは、輸出（あるいは移出）するためなのです。

自給の延長であれば、農業技術に国家プロジェクトが入り込む余地はありません。農業技術が国家によって牛耳られることはないのです。しかし、一旦国家技術を受け入れてしまうと、ナショナリズムが優先するようになります。当然ながら奄美大島の蜜柑は「廃棄」を命令されることになります。小山はこの本の結論として、「害虫は社会（国家）によって、つくられる。害虫を害虫でないようにするためには、防除の前に、社会をつくりかえなければならない」と言っています。こういう農学者もいるのです。

もうひとつ付け加えたいことがあります。資本主義はナショナリズムを強化します。地域地域での自給経済では、資本主義は発達しません。資本主義は国内全体を経済競争に巻き込み、国全体として経済成長を目指す体質を持っています。なぜなら、近代化というものは、資本主義と国民国家と民主主義がセットになって誕生し、発展してきたからです。

沖縄や奄美諸島だけが特定の害虫の被害を受け、農産物の移動が禁止されているということは、国民国家にとっても、民主主義にとっても、そして資本主義にとっても、いいことではありません。国の政治は当然ながら瓜実蠅や蜜柑小実蠅を根絶して、農産物の自由な販売ができるようにしようとします。

しかし、もし沖縄や奄美の自給経済が健在ならば、本土に移出販売しなくていいのですから、伝統的な農法でもやっていけたのです。ここで私が問題にしたいのは、資本主義とは在所、地域を国全体に巻き込んで均質にするということです。それは何よりも経済のためです。資本主義経済は、地域の自給経済ばかりでなく、伝統技術も否定してしまうのです。

【働き方がちがう】

農本主義者・橘孝三郎は百姓仕事をどうとらえていたのでしょうか。そこで彼が「勤労」について書いた部分を読んでみましょう。

「勤労」という言葉は、朝から晩まで牛馬のごとくに働くかのように用いられている。そうではなく、人間は勤労において初めて、自主的人格者としての存在を発見することができ、最高の満足と悦楽をくみとることが許される。ところが現代は、営利主義の囚われとなって、人々の労働はただ物欲充足の手段になってしまった。そして人々の働きは、時間的にいくらという貨幣数量をもって計られる精神内容なきものになってしまった。どうして人々は、天地自然の恵み深きふところに抱かれた、人々相互に心を通わせ、競争することなく、その天職、使命をまっとうしようとしないのか。(『農本建国論』)

橘の言う「勤労」とは、田畑や土や作物や家畜への情愛(愛護)を注ぎ、作物や家畜の持っている生命力が天地自然に包まれて十分に発揮されるように、人間同士も助け合って奉仕することとです。橘は百姓仕事に賃労働を連想させる「労働」という言葉を持ち込みたくなかったから、「勤労」を使用したのでしょう。橘が設けた私学校である「愛郷塾」が「自営的勤労学校」と称されていたのは、「正しくよき土の勤労生活者を養わんとするの目的を有す」からでした。

農業においては、農民が抱く田畑や農作物への情愛という精神的要素こそは、生産を左右する根本的要因をなすものであるので、この情愛を無視して農業生産なるものは成立し得ないのである。(『農本建国論』)

現代の農政や農学が置き去りにしてしまった百姓仕事の内からのまなざしが、橘の農本主義にはしっかり据えられています。こういう世界は現代でも色あせていないどころか、再評価すべきです。私がぜひとも引き継がねばならないと決意するものです。

†資本主義で人間が幸せになれない理由

左の図は『幸福の政治経済学』(ブルーノ・フライ、アロイス・スタッツァー、ダイヤモンド社、二〇〇五年)に掲載されていたものです。「経済成長によって、国民一人当たりのGDPは増え、幸せになる」という資本主義の常識が間違っていたことを見事に証明しています。

この本の著者は言っています。「おそらく日本は、第二次世界大戦後、最も顕著に所得が伸びた国と言えるだろう。一九五八年から一九九一年にかけて、国民一人当たりの所得は六倍増した。それにもかかわらず、この期間の日本人の生活満足度はほとんど変わって

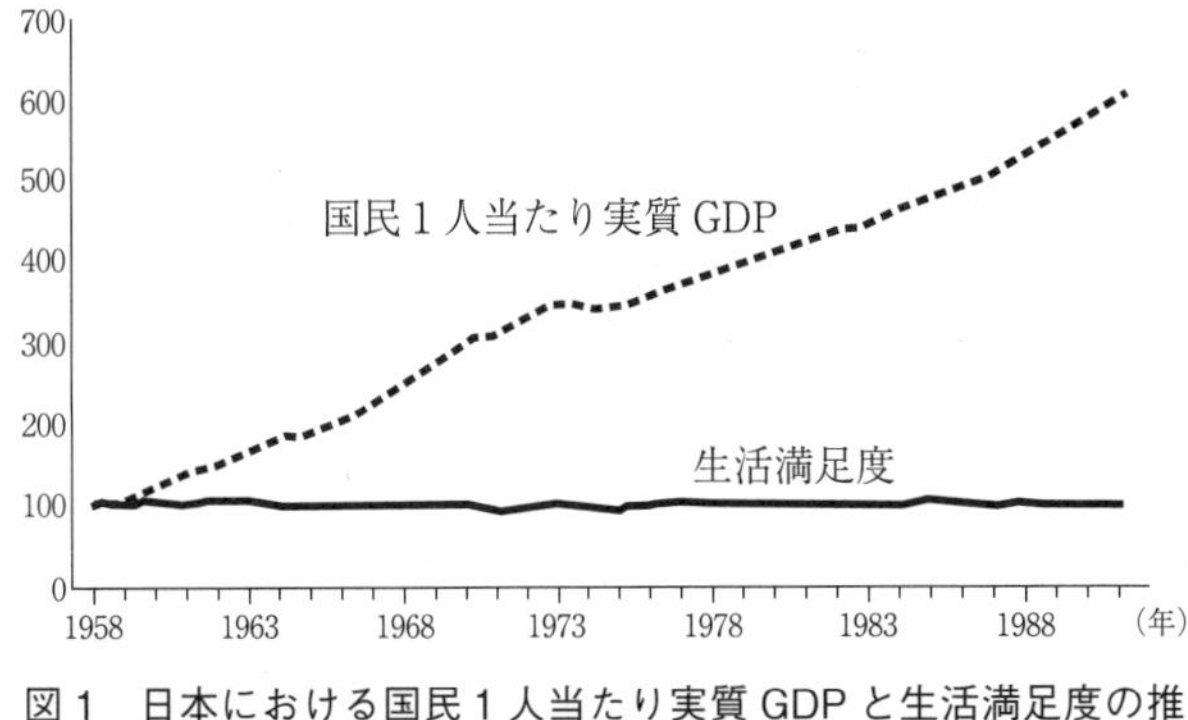

図１　日本における国民１人当たり実質GDPと生活満足度の推移（1958年＝100）

いない」。また「国民一人当たりのGDPが、一万米ドル以上の豊かな国になると、所得が高くなっても、幸福には顕著な影響は及ばない。しかし国民一人当たりの所得は低いのに、満足度がかなり高い例外的な国もいくつかある」。

ほんとうに「生活満足度」は変化していないのでしょうか。もう二〇年前のことですが、村の老人クラブで話をした折りに、「あなたの人生で一番楽しかったのはいつ頃でしたか。それの理由は何ですか」というアンケート調査をしたことがありました。当時で平均年齢七〇歳ぐらいの人たちでした。

圧倒的多数の年寄りが「それは昭和三〇年代だった」と答えたのです。その理由で一番多かったのは「家族みんなで仕事ができたから」というものでした。昭和三〇年代とは、農村の近代化が本格的に始まった時代ですが、まだまだ近代化されない世界も残っていたのです。

もともと百姓仕事は一人でする仕事も多いのですが、孤独を感じることはほとんどありません。百姓は一人でも、相手になる生きものたちがいつも周りにいるからです。しかし、現代の百姓は孤独を感じるようになっているようです。一緒に働く人間もいなくなり、相手になる生きものを感じる時間もなくなろうとしているからです。だからこそ、家族で働くことが多かった時代の喜びがこみ上げてくるのでしょう。

なおこの時には、所得に言及した人は一人もいませんでした。近代化・資本主義化が目指してきた「国益の増大」は決してひとりひとりの幸せとは関係がないどころか、むしろ百姓の「生活満足度」は下がっています。しかし、未だに日本政府は「農業の所得倍増」を政策目標に掲げていますし、農協も追随しています。

†農に「成長」は可能か

「農業は遅れている」という言いぐさは、もう九〇年以上も使われています。いったい何が遅れているのでしょう。かつては「機械化が遅れている」「経験にたよって科学的な技術の導入が遅れている」と言われていました。今日では「経営感覚が弱い」「生産性向上のスピードが遅い」「農業も成長産業になれるのに」などと微妙に変化していますが、言っていることの本質は、農業は資本主義の発達について来ていない、ということでしょう。私は農業が資本主義の発達に「遅れている」ことをいいことだと考えています。変な言い方になりますが、天地は百姓と共謀して、農の近代化（資本主義化）に抵抗、反抗しているのです。もちろん百姓はそれを意識してはいませんが、天地は無意識に百姓にそういう判断をさせてきたのです。

田んぼの畦に除草剤を散布すれば楽になるのに、草刈りを続けている百姓の方が、まだまだ圧倒的に多いのです。米は買って食べた方が安いのに、狭い田んぼでも耕し続けています。都会暮らしの方が便利なのに、田舎で暮らしているのです。それは天地有情の共同体の魅力が、体の奥底に蓄積されているからです。さらに、それは「頭を使わなくていい」ものです。この場合の「頭」とは、経済観念とか、経営能力とか、社会状況を読む能力などの、要するに外からの知性的な見方です。

そうではなく、天地自然のふところでは、天地有情のあふれる生の流れに身をまかせればいいのです。毎年同じような営みをさらに丹精込めて行えばいいのです。

3　人間は経済で生きているのではない

競争しなくてはならなくなった

「競争しなくては進歩はありません」というのが常識になったのは、資本主義社会になってからです。もちろんそれまでも競争自体はありましたが、一時的なもので、限度が決められていました。しかも大事なことは、競争しないならしないで済んでいたのです。全国規模で競争をあおり立てた「米作日本一表彰」事業（朝日新聞社の主催で、昭和二四年から四三年まで開催）であっても、そもそも条件の悪い田んぼは参加する気さえおきなかったでしょう。「反収」だけの競争は、まだまだ資本主義の競争ではなかったのです。

ところが現代の資本主義社会の競争は限りがありません。しかも経済競争で決着がつくものですから、勝者には利益がもたらされ、敗者は姿を消さなければなりません。百姓なら十何代も続いている家は珍しくありませんが、企業の寿命は短いものです。最近まで隆盛を誇っていた企業や商社が倒産していくのは、競争に敗れたから当然だと言われています。

こういう論理を露骨に農にも通用させようとするのが、農業の近代化でした。しかし、産地間競争にしても、百姓と百姓の競争にしても、工業や商社とちがうのは、敗れるのは、百姓だけではないということです。敗れて、荒れ果てていく田畑に生きている生きものたちは、どうなるのでしょうか。敗れた田畑の周囲の百姓は影響を受けないのでしょうか。

それに、勝者の百姓の田畑にはほんとうに利益がもたらされるのでしょうか。生産性の向上の最大の被害者は、経済価値がないとされる生きものたちです。生きものを守る技術を採用していては、競争に負けます。こうして経済価値のない世界が衰弱し続けてきました。

†「効率」という脅迫

また百姓の精神世界もダメージを受けました。「競争しないと生きていけない」という社会では、「効率」が幅をきかせるようになります。これまで百姓仕事が資本主義に飲み込まれなかった最大の理由は、仕事の最中には「効率」とか「生産性」を意識しなかったからです。そういうことを意識していては百姓仕事に没頭できません。

仕事を急いでいてすると、さまざまな悪影響が生じてきます。たとえば出かけなければいけない急用ができて、その前に仕事を片付けねばならないときには、つい仕事を急ぎます。そこで草刈りを急いでするると、きまって蛇や蛙をよく切り殺します。さらに何よりも大きな喪失は、天地自然に没頭できなくなることです。自分（の都合）が中心になってしまって、忘我の境地にはほど遠い状態になるのです。

このように自分の急用ならそれも自覚できますが、社会全体が「急用」状態になってしまうと、つまり仕事（労働）の効率が常に要求されていると、無意識に急ぐのです。そして、その急ぐ状態が標準になってしまうと、百姓仕事は楽しめません。ひょっとすると私たちは、天地自然と「競争」して、天地自然を人間に合わせようとしているのかもしれません。これでは、天地自然から愛想をつかされてしまうでしょう。

†「費用対効果」という物語

公共事業では「費用対効果」が経済価値で測定され、費用の方が上回ると、事業は認められにくくなってきました。しかし、この場合の効果には、非経済価値は含まれていません。水不足に悩まされた村に念願の水が遠くから延々と導水管を伸ばしてもたらされた公共事業を視察したことがありました。しかし、水が来る前に、村は寂れ、畑を耕す百姓も少なくなり、受益面積で計算すると、費用が上回る結果となっていました。

そこで私が水が豊富に使えるという精神的な満足はカネに換えられない価値ではないですか、と質問したら、百姓たちは顔を歪めていました。水はパイプで送られてきて、コンクリート製のタンクに貯められ、水が見えるのはスプリンクラーの先から噴霧される時だけだというのです。せめて小川のない村の中を見えるように水を流し、子どもや住人が水に触れることができる水辺をつくることはできなかったのですか、と尋ねると、同席していた国の担当官は、「そういう制度設計にはなっていません」とにべもありませんでした。たぶんそういう発想はいよいよ費用対効果を悪化させるでしょう。ここにこそ、問題があるのではないでしょうか。

百姓のくらしも同じような目にさらされています。「赤字経営」は早くやめたがいい、と心配されるありさまです。しかし、カネにならない非経済価値を勘案すれば、赤字どころか、立派な効果を生みだしていることが多いのが、農なのです。私が手植えで田植えするからこそ、燕たちは苗代の土（泥）で巣を作ります。村でも少なくなってしまった殿様蛙、シュレーゲル青蛙、赤腹井守が産卵して育ちます。年に六回の畦草刈りと年に三回の河原の草刈りをしますから、村の風景は落ち着いてきれいになっています。

このような非経済価値を現代の農業経済学や経営学は計算できないから、「赤字だ」「経営能力がない」と言うのです。私たちが天地自然の中で暮らしていくということは、非経

単位円／10アール

No.	機　能	評価額
1	水をためて洪水を防ぐ	87,300
2	地下水を供給する	28,100
3	土の浸食や崩壊を防ぐ	1,770
4	有機性の廃棄物を処理する	170
5	空気をきれいにする	6,200
6	気候を穏やかにする	105
7	保健健康に役立つ	22,565
8	水をきれいにする	8,700
9	生きものを育てる	66,000
	合　計	220,910
	【参考】米販売額（1996年）	156,100
	【参考】所得（1996年）	70,300
	【参考】水田粗収益（2014年）	82,000
	【参考】水田所得（2014年）	16,000

表2　田んぼの多面的機能の原価計算
1996年福岡県前原市（現糸島市）

1~8の計算式は農業総合研究所（現農林水産政策研究所）による。9は宇根の試算。（『天地有情の農学』より）

済価値が土台にあるからこそ、成り立ちます。カネにならない価値を「外部経済」と呼ぶのなら、本気で計算して、農業経営に革命を起こしてもらいたいものです。

私たちが二〇年前に計算して公表した福岡県前原市（現糸島市）の田んぼの場合は、カネにならない価値は、二二万円／一〇アールになりました（表2）。もちろんこの価値は、現在でも支払われることはありません。

†資本主義が手を出せない世界がある

経済が発達しないと人間らしいくらしが手に入らない、というのが常識になったのは、高度経済成長以降のことでしょう。それまでは、農村では経済以外の世界も健在でした。ひたすら天地自然のめぐみを引き出すために、時間もコストも無視して働くのがあたりまえだった時代が、一九六〇年代まではあったのです。

たとえば、先にのべた「米作日本一表彰」事業では、市町村、郡の予選を勝ち抜いた百姓は県大会に進み、県代表が全国大会に進みます。全国で優勝した百姓の田んぼは、翌年は畦には草が生えないと言われていました。視察者が殺到するからです。

もちろんこれは米不足を背景にした、国策運動でもあったのですが、このコンクールに参加する百姓は、資材はもちろんのこと、可能なかぎり労力をつぎ込み、収穫高のみを競ったのです。そこにはコスト意識や労働生産性の意識は、つまり現代の経営能力などはまるでありませんでした。そこで競われたのは、経済価値ではなく、技能（技術）や地力や情愛だったのです。この表彰事業は、米余りになった途端に廃止されたところをみると、しょせん「流行」でしかなかったのでしょうが、少なくともこの時代まではまだまだ資本主義の尺度とは異なる目標が力を発揮できていたことは、忘れてはならないでしょう。

これも友人の百姓の話です。彼の家族は大規模経営ですが、野菜の定植の機械ができたのに使用しようとしません。もちろん作業効率は格段に良くなるでしょうが、野菜の出来が違うと言います。もちろん使用している百姓の方が多いので、その出来はコストで補える程度のものでしょう。彼は野菜への情愛が衰えることを恐れているのです。

†「サラリーマン並みの所得」というペテン

農水省は政策の助成対象を「認定農業者」に限定することを強調してきました。認定農業者とは、その市町村のサラリーマンの平均所得額を達成目標と定めている百姓のことです。農業は遅れていると言われてきたのは、サラリーマン（工業・商業の労働者）に比べて所得が低かったからであって、所得で追いつけば、農業は見直されるという考えをじつに忠実に体現した制度です。

農業を資本主義に合わせるということは、労働者の所得を露骨にモデルとすることに行き着いたのです。まさに農業を「他産業並みにする」ことが、いいことだという発想が現代でも農政の中核に居座っているのです。

†近代を問う

そこでもう一度、「農にとって、近代化とは何だったのか」を問わなければなりません。なぜなら、農の評価が根本的に間違ったのは明治以降の近代になってからです。

私たちはいつのまにか、合理的で、理性的で、科学的な見方を正しいと思いこむようになりました。個人的な感情や科学的な根拠がないことは、信用できないようになりました。ここでは百姓の実感に基づいて、近代の核を問い詰めてみましょう。私の実体験を寓話風に紹介することにします。

私が畦草刈りをしていました。八月になると田んぼで生まれた蛙が畦に登ってくるので、刈払機で刈っていると、蛙が一メートルおきに驚いて飛びはねます。そのたびに私は蛙を切るまいとして躊躇して立ち止まります。

一服していると、その躊躇して、草刈りが滞る時間をストップウォッチで計っていた経済学者が声をかけてきました。「ずいぶんと無駄なことをしていましたね。あなたが躊躇する時間は一〇アール当たり約五分になります」。私は「いけませんか」と反論しましたが、「ただでさえ日本の稲作はコストが高い、と批判されています。この五分間は経済学的にはまったく無駄な労働時間になります。もっと経営感覚を磨いてください」と叱られました。

そこである日、生態学者に会ったのでこのことを話し、「ほんとうに無駄な時間でしょうか」と相談しました。生態学者なら生きものが好きな人が多いから、わかってもらえると思ったのです。

すると生態学者はなかなか冷静で「ところであなたの田んぼには蛙が何頭いるのです

か」と質問してきました。私は毎年生きもの調査をやっていますから、こういう質問なら即答できます。すぐに「一〇アール当たり、九〇〇から一〇〇〇匹です」と答えました。「それでは、もしあなたが躊躇しなかったとしたら、何頭余計に切り殺すと思いますか」とたたみかけてきます。「うーん、躊躇しなかったことはないので、正確には答えられないけど、一〇アール当たり三匹ぐらいのものじゃないかな」と答えました。

すると生態学者は、「それくらいの殺傷なら、翌年の蛙の密度に影響はない、と言い切ってもかまいません」と返答したのです。つまり私が躊躇する行為は、経済学的にも生態学的にも何の意味もないのです。

たしかに近代的で科学的で合理的な見方ではそうなるでしょう。しかし、もし私が経済学者や生態学者の説を鵜呑みにして「そうか、躊躇する意味は何もないんだ」と考え、それを実行したなら、私の中の何が失われるでしょうか。蛙ばかりではなく生きものへのまなざしが薄れていくでしょう。蛙だけでなく生きものを殺したくないという情愛が消えていくでしょう。天地自然の一員であるという情感を失っていきます。こうなると資本主義的な価値観に対抗する根拠はなくなります。

†近代化を周到に準備したもの

農の近代化とは、農を資本主義化することだったとしても、それはどのような方法を使って行われたのでしょうか。いくつかの主な局面について整理してみましょう。

①明治六年の「地租改正」は大きな転機となりました。それまでは作物のできに対してかけられていた税（年貢）が地価に対して計算されるようになっていくのです。これ以降、江戸時代よりもはるかに税金が上がり、百姓の没落が激しくなり、小作がどんどん増えていくことになります。それよりも農地の価値を「地価」という金額で把握する思想が始まったことが重要です。

②百姓の世界観を近代的な概念に言い換え（置き換え）ることによって、近代化は進められました。たとえば、「害虫」という概念を知らなかった百姓に「防除」「駆除」という発想・思考法・技術思想を教え込みました。

資本主義とは、遅れている前近代の発想を近代的な価値観に発展させるんだというスタイルをとっています。仕事がはかどることを、生産性が上がると言い換えました。また、豊作を「多収」に言い換えました。この両者はほんとうは別物です。天地自然が主役であった前近代の百姓の感覚を、人間が主役の近代的な概念に置換していったのです。

③仕事を「技術」に置き換えました。置き換えることができないところは、無視・軽視

ていきました。その近代化技術は、試験研究機関や大学で研究され、技術になったものです。百姓は技術（技能）の創造者から、受け手になってしまいました。

④農業技術においては、人間の力で、いいものをたくさん穫ることを、目的に据えました。天地自然よりも人間を優位に据えたのは大転換だったと思います。それは百姓すらも気づかないぐらいに、着々と進んだのです。

⑤これまで語ってきたように、「経営」や「経済」観念を浸透させました。何事も経済に換算する発想法が、徐々に百姓にも浸透していくのです。

⑥自給を遅れたものとし、分業を進めました。これこそ、資本主義経済が農業に適用できるかどうかの分かれ道です。それまでの百姓の分業は、鎌や薬などの自家でできないものを購うという分業でした。ところが、近代の分業は自分でも自給できるのに、「買った方が安い」という状況をつくりだしました。そのための練習が、自給できない資材や機械を必要とする近代的な農業技術の普及でした。

⑦「所得」の向上が、人間の幸せにつながると位置づけました。これも「分業」と表裏一体のものです。いつでも、いいものを手にするためには、カネが必要になります。自給できるものは、つまらないものだと思わせることに成功したのです。

⑧「学問」が農業を進歩させると教えました。しかもその学問（農学）とは、村の外で

形成され、農を近代化するための学問でした。百姓は指導される存在になったのです。農業専門家（指導員）を全国に配置し、近代化が村々に普及していきました。

⑨その専門家が武器としたのが「科学」でした。百姓の経験がなくても指導ができるからです。そこで科学的な説明ができるかどうかが、重要になりました。非科学的なことは、遅れている、やがて進歩したらなくなる世界だと思わせたのです。

⑩案外見過ごされているのは、ナショナリズムの教育と普及です。在所の農よりも「日本農業」のほうが優先するという思想と言い換えてもいいでしょう。また逆に「日本農業」を発達させるために、在所の農は近代化しなければならないという顚倒した論理が通用するようになりました。

⑪そして最大のものは日本国の「農政」を整備して、農業は「農政」によってコントロールするという習慣を定着させました。「農政が悪い」というのは、農政の存在を認めている証拠です。

今から振り返ると、うまくいったように見えますが、抵抗もしぶとく、地道に行われて来ました。しかし戦後は農本主義運動が衰退していったので、反近代の運動として明確な形を現すことはありませんでした。

4　資本主義が終わっても心配することはない

†資本主義の行き詰まり

ここに来て、資本主義の行き詰まりが外からの視点で次々と明らかになっています。農に関してのみ、私が考える問題点を列挙してみましょう。

①働き手が激減しています。

もちろんこれは人口のように「自然減」ではなく、農業の近代化によって「離農」が促進された成果です。ところが担い手不足は深刻で、「無人トラクター」の研究に税金が投入されているのですから笑ってしまいます。大規模化して生産性をあげないと後れをとると説く資本主義的な経済学ではこうなるのは見えていたはずです。

②共同体でかろうじて守られています。

農家が集まって共同経営する「集落営農」という形態が勧められていますが、コストを下げるために組織したところはうまくいっていません。うまくいっているのは、地域を守ろうとする愛郷心（パトリオティズム）によって、一人一人の百姓が手入れを分担している組織です。つまり資本主義的な尺度ではなく、天地有情の共同体への情愛で支えられている集落営農は頑張っています。

③イノベーション（技術革新）は限界です。

低コスト、労働時間の短縮を目指してきた近代化技術の技術革新は限界です。とっくに天地自然は傷ついて悲鳴をあげているのに、鈍感な専門家だけが、まだまだイノベーションはできると意気込んでいますが、もう危険領域です。たとえば無人トラクターはトラクターに労賃を払うつもりでしょうか（機械代として支払い済みだと言うでしょう）。あるいはトラクターに天地自然に没入する喜びを感知するAIを装備するつもりなのでしょうか（科学の進歩でそれも可能だと言うでしょう）。

④天地自然の悲鳴がとどろいている。

東日本の秋空に群舞した赤とんぼ（秋茜（アキアカネ））が激減しています。かつては東京駅の前でも飛んでいたのに、近年では見られないようです。西日本の赤とんぼの大多数を占める精霊とんぼ（薄羽黄とんぼ・盆とんぼ）は毎年東南アジアから飛来して田んぼで産卵しますが、飛来数が毎年とても不安定になっています。福岡県では、殿様蛙も蟇蛙（ヒキガエル）も赤蛙も、赤腹井守も田螺（タニシ）もどじょうも、源五郎も田亀も太鼓打ちも、絶滅危惧種です。絶滅危惧種ではありませんが、雀も目高（メダカ）も平家ボタルも激減しています。

あれほど、どこでも見かけた生きものが姿を消そうとしているのです。「それは生態系保全の課題であって、農業経済の課題ではありません」と言い放つ経済学者には唖然とします。

⑤所得はもういい。

日本政府が農業の「所得倍増」というスローガンを言い出したのには、驚きました。所得を増やそう、経済効率を追求しようとこれまでやって来た結果が、荒れ放題の田畑や山や風景や生きものたちの姿なのだから、これからの政策は経済価値の追求ではなく、非経済価値をどのように評価して、国民のタカラモノにするかという政策を構想・立案しなくてはなりません。ようするに内からのまなざしが決定的に欠けているのです。

経済学も、非経済価値を「外部経済」として把握しようと必死になっています。把握できて、金額で評価できるところはやってほしいと願いますが、しょせん経済では把握も評価もできない世界が多いのは目に見えています。少なくともそれはどういう世界なのかを明らかにする経済学もあっていいでしょう。その点では、ヨーロッパの農業政策には見るべきものがあります。

大雑把に言うと、ＥＵ諸国の百姓の所得の三分の二は、税金で賄われています。それは「日本農業は過保護だ」というような見方を覆すばかりか、そのような過保護か過保護でないかというような議論を根底から否定するものです。農の経済価値ではない、自然環境や風景や国防の役割を評価しても、その対価は市場では得られないから、住民の公的な負担（税金）で支えようとする政策が実施されているのです。

⑥地域がもたない。

資本主義の先進国でも、日本のように田舎の過疎化が激しい国はありません。それなのになぜ日本だけが、人口が都市に集中したのでしょうか。理由は二つあるような気がします。

一つめは、早く資本主義の先進国に追いつくために、経済価値のないものを踏み台にしたからです。自然環境をタダどりできたからこそ、戦後の高度経済成長は実現できたことは明白です。多くの農地や里山が工場用地や住宅地、近年では大型のショッピング街に転用されたことを見ればいいでしょう。土地代は支払い済みでしょうが、開発で失われた天地自然のめぐみは賠償されないままです。

二つめは、非経済価値をきちんと評価する政治と価値観を形成しようとしませんでした。風景や自然環境はタダのまま過ぎてきました。ＥＵのように風景や自然環境に対して、対価を払う「環境支払い」という農業政策が遅れているのは、その証拠です。

現代日本の村は、非経済価値のタカラモノがどんどん滅んでいっています。

⑦非経済価値を表現できない。

農業の語り方は、資本主義的になりすぎました。圧倒的に社会を覆う「経済」にすり寄った外側からの語り方が主流になっています。日本農業の生産額は八兆円、しかし農家の手取りは三兆円。稲作の労働時間は一〇アール当たり二五時間で、三〇年前の四割に削減できた。水田の農業粗収益は八万円だが、経営費が六万円だから、農業所得は二万円(一〇アール)である、というような語り方です。

経済至上主義に対抗するためには、非経済価値を心を込めて語らなければなりませんが、せいぜい「多面的機能」という借り物の用語で語る程度です。本気で内からのまなざしで、今年は赤とんぼいっぱい生まれたよ、平家ボタルが増えてきたよ、田んぼを渡る風はとても涼しいよ、と語って聞かせる時代になっているのに、対応できていません。

百姓はまだまだ経済で語れば、経済で反論されることに懲りていません。百姓たちのTPP反対運動が、ほんとうに共感を得られていない理由は、国内では経済競争しても外国とは経済競争したくないという論理の破綻があるからでしょう。農は資本主義に合わないことをしっかり表現してこそ共感の輪は広がるのです。

†ほんとうに資本主義は終わるのか

資本主義をさらに発展させよう、あるいは延命させよう、という考えよりも、これ以上の資本主義の発達は無理だ、あるいはそろそろ資本主義を終わらせようという考えの方が魅力的です。なぜなら次の時代を現代の延長ではなく、新しい時代として想い描くからです。それには相当の自己反省と覚悟と心構えが必要です。

たとえば、石油の採掘期限は五〇年ほどだと言われていますが、新しいエネルギー源が見つかり、新技術でつくり出せるだろうから、現在の生活スタイルを変える必要はない、という考え方もあり得ます。しかしこういう考え方では、現代社会の矛盾に目が向きにくくなります。

逆に、資本主義が終焉を迎えるかもしれないという見通しは、資本主義によって引き起こされた数々の矛盾や弊害を解決するチャンスだと考える気持ちを引き起こします。農本主義者はこれからも強引に経済成長を続けて、農と天地自然をさらに破壊するよりも、そろそろ終わりにして、次の時代を準備しようと呼びかけます。むしろ私たち百姓が得意とするのは、資本主義が終わった後のくらし方です。たしかに、資本主義が終わった後、私たちの社会はどうなるのかを構想したものは、あまりありません。それは百姓なら具体的なイメージが湧くものです。なぜなら、かつて経験したものであり、現に今も衰えながら、目に前にあるものだからです。

†資本主義が終わった後

高度に発達した資本主義が、仮に大混乱の中で終わったとしても、たしかに投資している人は大損害を被るでしょうし、金融経済などは消滅するでしょうが、実体経済の市場はなくなることはないでしょう。範囲を狭めながらも地域に根ざして機能するようになるはずです。

農にとっては、資本主義の終焉は歓迎したいことがいっぱいあります。いくつか大事なものを列挙してみましょう。

①自給経済の復活。食料だけでなく、商店、職人などの仕事、エネルギーなどの地域自給が本格的に戻って来ます。
②市場は、小さく分割され、地域に根ざしたものになる。
③生産性の追求は過去のものとなり、効率よりも生産の内実が評価される。
④産地間競争は終わり、地域自給を土台とした狭い範囲の流通が主流になる。

⑤「農政」は地域に移され、国の農政は、非経済価値を増やすコーディネーターに変身する。
⑥農業技術は生産性よりも、天地自然（環境）への貢献を目的にしたものへ大転換する。
⑦農学は、社会の土台を構想するものへと変革され、百姓や住民の参画したものに成熟する。
⑧農産物価格は、百姓がゆったりと天然自然を守っていく仕事をすることを補償する価格になる。
⑨百姓のなり手が増え、過疎地は解消され、村は魅力的な空間になる。
⑩百姓の、天地自然に抱きかかえられて生きていくライフスタイルが再評価され時代の主流になる。
⑪荒れていた田畑や山野はよく手入れされるようになり、美しい風景の村が復活し、国土も輝いていく。
⑫天地自然そのものが、安堵するにちがいありません。生きものたちは時流の変化に神経をとがらせることもなくなり、安心して生きるようになります。

もうこれくらいにしておきます。私は資本主義が早晩終わるという見方のほうが説得力があるように感じます。しかし、資本主義が終わろうと終わるまいと、資本主義から片足出して、現代を生き抜くことが重要ではないでしょうか。それは、ポスト資本主義に備えるという以上に、資本主義を早く終わらせる生き方になるからです。

第3章

村で生きる——国でも地方でもない「在所」の論理

1　在所と国家

†地方の時代の屈辱

農本主義者は「地方」という言葉が嫌いです。「地方」と対になるのは、中央（国家）だからです。「地方」は国家の一部であり、しかも従属する関係にあります。「地方分権」「地方創生」などという発想も、そもそも中央国家に媚びている印象はぬぐえません。

私たちはいつのまにか「国民」になってしまっていますから、在所（田舎）の集積・集合が国だと思っています。これは錯覚です。豊かな在所の集合は豊かな国になるでしょうが、豊かな国の在所が豊かだとは限りません。日本国は世界で三番目の経済大国だそうですが、どこの在所も荒れています。ところが、外からのまなざしでは、どこが荒れているかがわからないのです。

もし美しい国にしたかったら、荒れた在所をなくすしかない、と私は思います。ところが私たちは、豊かな国になれば豊かな在所になる、と思いこまされているのです。国の経済発展のためには、田舎は切り捨てざるを得ない、という発想はどうして生まれるのでしょうか。

米も小麦粉も野菜も果物も燃料も買った方が安いのに、田畑や山を荒らしたくないから、経営的には合わないけれども、田畑を耕し山の手入れをする。こうした暮らしは、在所の天地有情の世界を守るためには必要です。ところが、国家のためには無駄なことだと言われています。それならば、私たちは在所と国家の関係を、足元から日々の暮らしの中から、本気で問わねばならないでしょう。

†国民化される前の百姓

江戸時代までの百姓には「国」という意識はほとんどありませんでした。

アーネスト・サトウの『一外交官の見た明治維新』(岩波文庫)に、びっくりするような事実が載っています。彼は、一八六四年にイギリス・フランス・オランダ・アメリカの四国連合艦隊が下関の長州藩の砲台を砲撃するときに、連合国側の通訳として参加しました。戦争が終わると、見物に来ていた長州藩の百姓や町民は、「攘夷戦争など迷惑な話だ」と言いながら、砲台から大砲を引きずり降ろす連合国の兵隊を喜んで手伝ったというのです。

長州藩と言えば、当時は「尊皇攘夷」の強力な拠点でしたが、百姓にとってはそんなことはどうでもよかったのです。藩すらも愛してはいませんでした。それは当然です。藩は武士たちのもので、百姓にとっては、藩主とて「お国替え」で、替わりがきく役人でしかなかったのですから。

また土佐藩の板垣退助が官軍の将として、会津藩に侵攻したとき、「会津は天下屈指の雄藩で、善政が行われ民は豊かなようだ。もし上下心を一にして国に尽くそうと向かってくるなら、わが三千未満の官軍はどうして攻めようかと心配していた。ところが、会津に入ってみると、一般の人民は妻子を伴い家財を携えことごとく四方に遁逃し、一人として抵抗せず、次々とひるがえってわが手足の用をなすありさまだった。私はいまだかつてその異常な光景を忘れない」(『板垣退助君伝』宇根要約)と語っています。

右の文章の「国」とは藩のことです。明治初期まで、私たちの先祖の百姓は、「日本国民」ではなかったのです。つまり板垣や明治政府の指導層が憂慮するように、「国民」意識(愛国心・ナショナリズム)は、簡単には育ちそうにありませんでした。「日本国」とは、まだまだ一部の官僚や知識人だけが抱いた概念でした。ところが、いつの間にか皆が「日本人」になり「日本国」を支えるようになり、「国のため」(この場合は日本国)という意識が育っていきました。私たち百姓に限らず庶民は次第に国民化され、農村もまた日本国に組み入れられて来たのです。

ここで愛国心（ナショナリズム）と愛郷心（パトリオティズム）の違いをあらためて説明しておきましょう。両者は混同されやすいのですが、別物です。愛国心は国民国家の成立とともに生まれたので、近代的な新しい心情です。一方の「愛郷心」は自分が育ってきたふるさと（在所）への愛着であり、昔から誰にでもあるものです。長州や会津の百姓たちは、愛郷心は持っていましたが、愛国心は持っていなかったのです。

そこで愛国心を持ってもらうために、愛郷心が集まって愛国心が形成されるという物語が創作されます。「日本に生まれてよかった」と言うときの日本の実感は、目の前にある在所か、ふるさとのことなのに、もう愛国心と愛郷心は区別がつかなくなっています。教育によって国民化されると、こうなるのです。

†私の村の国民化

私が住んでいる村は江戸時代は筑前の国「佐波村（さなみむら）」として自治が貫かれていました。江戸時代の初期には唐津藩でしたが、一六九一年には天領となり、一七一七年には遠いところにある中津藩（大分県）に変わり、明治時代に「日本国」になりましたが、佐波村の内実はまったくと言っていいほど影響を受けませんでした。村さえ守れるならば、藩はどこでもよかったのです。

ところが、江戸時代から変わらずおおよそ八〇戸余りの「佐波村」も、明治七年にもう小学校が開設されました。片田舎の小さな村にも小学校をつくって、国民化を推し進めなくてはならないという当時の指導者の気迫が伝わってくるような気がします。

こうして、国からの教育によって、私たちの先祖は全国統一の「日本語」を習い、「太陽暦」を使うようになり、「天皇」の存在を知り、「国民、国家」という意識を身につけ、日本人に育てられたのです。さらに「近代化」(文明開化)と呼ばれるものが、国を豊かにするものだという考え方を教え込まれました。このことは避けられなかったとは思います。しかし、これが在所の村と天地自然に大きな傷を残す原因になったことは、そろそろ顧みていいでしょう。

私の村では市役所がつくるマスタープランに対抗して、在所独自の長期計画をみんなで策定しました。あらためて自覚したのは、半分は自分たちでやれますが、もう半分は市や県や国に要請してやってもらうしかないということです。たとえば村の中を源流から河口まで流れる二級河川は、災害復旧でコンクリート化され、自然生態系が破壊され、上流のダムの貯水で汚染され、かつては飲めた水は濁ってしまいました。この川をもとの川に戻すことが私たちの長期計画の核ですが、在所の力だけでは不可能です。私たちには権限も予算もありません。在所の自治は奪われたままなのです。

†愛郷心と愛国心のちがい

愛郷心（パトリオティズム）と愛国心（ナショナリズム）の関係がじつによくわかるのが、平成一八年に改正施行された「教育基本法」です。第二条には国民国家が大切だと思う事柄が三つ掲げられています。「生命を尊び、自然を大切にし、環境の保全に寄与する態度を養うこと。伝統と文化を尊重し、それらをはぐくんできた我が国と郷土を愛するとともに、他国を尊重し、国際社会の平和と発展に寄与する態度を養うこと」。

当時私は奇妙な感慨にとらわれたものです。①自然環境を愛する心や、②郷土を愛する心は、はたして教育するものなのだろうか、と。たしかに③国を愛する心（愛国心）は、教育しなければ育たないものです。だが、①自然愛と②郷土愛（愛郷心）は、日々の暮らしのなかで自然に身につけるものではないでしょうか。自然や郷土の価値は人によって異なるでしょうし、そんなことを学校で教えられたり学んだ経験は私にはありません。

こう言うと、「自然や郷土を愛する心を身につけ育てる力を、社会が失っているから教育するのですよ」と反論されそうです。それなら、まずは失わせた本体を突きとめて、除去するか変革すべきでしょう。しかしそれは決してできない相談です。なぜならその本体とは、現代社会を支えている「近代化精神」と「資本主義」だからです。つまり、この新・教育基本法は大きな矛盾の上に成り立っています。

したがって、自然愛も愛郷心も人間が意図的に教えられるものではないのに教えようとするなら、国家の視点から見下ろしたものになる恐れがあります。しかし、そういう意図はうまくいかないでしょう。

また愛国心は、人為的に意図的に教えるしかないものですが、その教え方は難しいものです。なぜならナショナリズムだけでは、内実が空疎になり、どうしても愛郷心（パトリオティズム）に頼らないといけない場面が多いからです。

†絶滅危惧種のパトリオティズム

たとえば、ナショナリズムとパトリオティズムの関係を環境省が公表している「絶滅危惧種」にたとえて見てみましょう。環境省の絶滅危惧種の指定は、ナショナリズムの極致のように見えます。なぜなら鸛（コウノトリ）や朱鷺（トキ）のように、世界各地にいる生きものでも、日本にいなくなると指定されるからです。また、私の村では絶滅しても、他の村や他の都道府県にいるなら絶滅の危機だとはされません。あくまでも日本全国規模で絶滅が危惧されるような事態になって初めて指定されます。

しかし、この絶滅危惧種も最後まで残った村の住人の情愛がなければ、守れません。鶴や朱鷺はナショナルな価値としてだけでなく、在所である兵庫県豊岡市や佐渡市の百姓や住民のパトリオティズムによって、復活に弾みがかかってきました。ナショナルな価値としての絶滅危惧種の指定は、種としての生きものを対象としていますが、その生きものへの情愛は含んでいません。だからこそ、その種を守るためには、パトリオティズムの情愛が必要なのです。ナショナルな危機は、在所の危機から始まっているという事実を忘れてはいけません。パトリオティズムの情愛の上にナショナリズムは花咲くしかないのです。

つまり、愛国心は、自然を愛する心、と愛郷心を土台にしなければ、成り立ちません。自然と郷土を破壊するなら、国民国家は成り立たないことは、ことあるごとに強調すべきことです。

だからこそ、国家は「自然を大切にしよう」「郷土を愛そう」「伝統を尊重しよう」と言っているのでしょうか。どうもそうではないから困るのです。なぜなら私には、国家から無視され見捨てられた世界からの叫びが、日々に大きくなって聞こえてくるからです。すでに国民国家の掌中にある農業の経済価値ではなく、農の土台・本質である、情念・仕事・伝統・自然で、国民国家にあらためて対峙する時代になっています。「ほんとうにそんなパトリオティズムで、国家を軌道修正させることができるのか」という疑問は湧くでしょう。

†農本ナショナリズムの正体

農本主義は、工業・商業の台頭と農業の衰退が顕著になった明治末期から昭和初期に生まれ落ちました。「農業の役割は、国民に対する食料の供給である」という、今日では国民全体に行き渡っている思想は、農本主義者が考え出した新しい「ナショナリズム」だったと言えるでしょう。近代化に対抗するため、あるいは近代主義者を抱き込むためにも、こういうナショナリズムが必要だったのです。

ここで大切なことに気づきます。農が「生業（なりわい）」だった時代は、百姓から見れば、在所で生まれて、育ち、生きて死んでいく、それ以外に何の意味づけや価値づけも不要でした。農は文字通り農（生業）でした。それだけでよかったのです。ナショナルな価値である必要はどこにもありませんでした。

ところが農本主義者は、農を救うために「国民と国家にとって大切だ」と言い始めたのです。言わざるをえなくなったと自覚した最初の百姓だったからです。日本国が商工業を重点にして近代化を推進していく中で、産業化しにくい農の地位がどんどん低下していくばかりか、そのしわ寄せが村にも及んできました。百姓の没落は激しく、地主の所有地は全農地の半分にまでなります。江戸時代よりも悪くなってしまった状況を見て、国家のあり方を問い詰めるしかないと自覚したときに、ナショナリズムを持ち出すしかなかったのです。

このために、農本主義者がほんとうは主張したかった農のあたりまえのカネにならない価値が見えなくなっていきます。そしてこの傾向は、むしろ戦後になって強くなり、農のほんとうの価値は行方不明になったままです。

†「国民国家」を問いつめてみたい

私たちに、国民になる前の位置を気づかせてくれるのが「沖縄」の存在です。琉球国は一六〇九年に薩摩藩に侵攻され敗北し、薩摩藩の間接支配国となった揚げ句、明治維新で琉球藩となりました。ところが明治一二年には明治政府の武力による「琉球処分」で王政と琉球藩は廃止され、沖縄県として日本国に組み込まれてしまったのです。さらに第二次大戦後は、アメリカに不当に占領され、三〇年近く日本国ではなくなっていました。その歴史のねじれは今でも払拭されていないのです。

現代でも沖縄県民の大半が基地に反対しているのに、日本国は沖縄に米軍基地の七四％を押しつけています。このように地元が反対でも、国家の意向が優先されるようになったのはたかだか一〇〇年余り前からです。

その沖縄でも「独立しよう」という動きが、ずっとあります。しかし沖縄独立論への反対理由の大きなものは「経済的に東南アジア並みに貧しくなってもいいのか」というものです。ここには、本土と同じように「国が栄えないと、地方も栄えない」という思い込み（ナショナリズム）が現れています。

沖縄が突きつけているのは、「地方が荒れて、美しい国ができるか」というもうひとつのナショナリズムではないでしょうか。農本主義者は、国から面倒を見てもらう「地方」ではなく、在所のことは在所にまかせる政治システムを構想します。

2　一人で生きているのではない

†「よか仕事」とは

百姓仕事は一人でやっていても、在所の天地有情の共同体につながっています。このことを説明しましょう。現代社会では「よい仕事」とは、生産性の高い仕事、つまり所得の多い仕事だと考える人が多いでしょう。そこまで経済にこだわらない人もせいぜい、充実感のある仕事、生きがいを感じられる仕事と答えるでしょう。しかし、天地有情の共同体の中では、そうした自分本位の評価は鳴りをひそめ、天地有情への影響が尺度になります。

村の中では「よか仕事をしてもろうて」(私の在所では「よか仕事」と言います)と感謝されることがあります。天地有情の共同体(村)の中ではどういう仕事がよい仕事なのでしょうか。まず、対価(手当)をもらっている仕事は除かれます。つまり個人の営利のための仕事は対象外です。田んぼを耕したり、田植えしたり、畦草を刈ったりするのは、「よか仕事」とは言いません。また田植え前にみんなでおこなう水路のそうじなどは、自分の田んぼに水を引くための仕事で、自分の利益になることですから、除かれます。

本来はその人がやる義務はないのだけれども、その人にとっても必要だからやる仕事が「よか仕事」なのです。農道で狐が死んでいたとします。放っておけば、通りにくいので側に除けます。それだけではかわいそうなので、また腐乱して臭くなるので、道路脇に穴を掘って埋めます。手も合わせて、少しは狐のことも、なぜ死んだのだろうかと思いを巡らせます。もし村の住人の誰かが見ていたら、「よか仕事をしてもろうて」とお礼を言うでしょう。また私の田んぼの下の河原の草は、私が刈ります。そこは村の人が水を汲んだり、農具を洗ったりするところですから、「よか仕事をしてもろうて」とお礼を言われます。

県道に覆い被さってきた木や竹を切って除いたり、市道の路肩の草が伸びたりしたら、隣接する農地の所有者の百姓が刈るのは日常茶飯事です。今日では、こうした仕事は役場に電話して、公務員がやる仕事になっていますが、村では電話するぐらいなら自分で刈ってしまいます。要するに天地有情の共同体を支える無償の仕事が、みんなが褒める仕事なのです。こういう感覚が資本主義の価値観には見当たりません。

じつは、個人的な営利を求める百姓仕事であっても、ほんとうはカネにならない価値（公益）を生みだしています。私が田植えをするから、村の落ち着いた風景は今年もそこに出現し、涼しい風が村中に吹き渡ります。蛙も鳴き、とんぼも飛び、燕も子育てができるのです。つまり去年と同じ雰囲気の村になるのです。こうして私の「個人的な仕事」によって資本主義経済に乗らない「カネにならないもの」がたっぷり生産されています。

しかし市場経済は、こうした天地有情の共同体への貢献を「生産」「生産物」として評価するシステムを開発しませんでした。だからこそ、農本主義者は、市場経済とは別の仕事の中に含まれている「よか仕事」を評価するシステムを構想します。仕事（労働）の相当部分は資本主義に囲い込まれないようにしたいのです。

†ただ働き

これまで述べてきた仕事は「ただ働き」と見ることもできます。政府はこうした仕事の成果を「多面的機能」と言い換えていますが、これは大きな欺瞞です。農水省は、こうした仕事は農産物の価格として対価が払われているので、ただ働きではない、こうした仕事によって支えられている非経済価値は「たまたま結果として」あるいは「農業がもっている基本的な性格として」自然に現れてくる「機能」だというのです。農を市場経済に乗せるために考え出されたアイデアだとは思いますが、ごまかしに過ぎません。

「多面的機能」はもともとは「公益的機能」と呼ばれていました。しかし「公益」では百姓から公的な負担を要求される可能性があります。田んぼで生まれている赤とんぼが「公益」だとなると、多い年には一年間に全国で二〇〇億匹生まれているのですから、一匹一〇円だとすると、二〇〇〇億円を百姓に払えという理屈も通用するかもしれません。

一方「ただ働き」ではないかと抗議すると、すぐに「これまで、それで済んできたのに、なぜ今頃になって、ただ働きでは困ると言うのか」と反論されるでしょう。それに対しては、これまでは「ただ働き」でも引き受ける余裕が在所の百姓にはあったのに、もうそれも限界だ、と言わなければなりません。資本主義の発達の結果、とうとう対価を得られない「よか仕事」は、滅亡に瀕しているのです。これは天地有情の共同体の衰退の大きな原因となっています。

†天地有情の「共同体」

村でのくらしの土台となっているのは「共同体」です。もちろんこの言葉も外来語のコミュニティを翻訳したもので、権藤成卿の「社稷」にあたるものです。翻訳にあたって、西洋にはなかったものが、共同体から漏れてしまいました。内山節は『共同体の基礎理論』(農文協)で、村の共同体を論じるときは、自然と人間の関係、生の世界と死の世界の統合、自然信仰・神仏信仰との一体化を抜きにしてはできないと、とても重要な提案をしています。私はそれに、生きもの(有情)と百姓仕事の情愛を付け加えたいと思います。

これまでの共同体のとらえ方は、人間ばかりの世界でした。とくに村の共同体は田んぼに水を引くときの共同作業に代表されるように、同じ目的のために、同じ仕事を力を合わせてしなければならないことが強調されてきました。このことはみんなの力で支え合うというい面と、個人の自由にできないという制約があるという理解がもっぱらでした。

ここに、生きものと人間の関係を入れると、様相は一変します。生きものは私有できません。つまり、生きものと人間の関係も私有できないのです。たとえば、私の田んぼでは、毎年おおよそ、お玉杓子が二〇万匹／一〇アール、蛙が一〇〇〇匹、赤とんぼが二〇〇〇匹生まれています。蛙の鳴き声は村中に響きますし、赤とんぼは村中を飛び回り、やがては北海道まで北上していくようです。私は蛙や赤とんぼがよく育つように、田植え後四五日間は絶対に田んぼの水を切らさないように田まわりをしています。これを天地自然からの束縛だというのならわかりますが、個人の自由の束縛ととらえるのは、ゆがんだ見方でしょう。しかも、私は赤とんぼや蛙の私有を主張しません。

それは私だけではありません。村の百姓の誰もが、私有を主張しません。これは蛙や赤とんぼに限りません。田んぼの四季折々の風景は百姓仕事によってくり返され、そこに出現します。しかし、百姓はこの風景の私有を主張しません。だれでもタダで見ることができます。

どうしてそうなるのかというと、資本主義の前からの価値観を、資本主義に合わせようとしなかったからです。これは資本主義社会では珍しいことです。資本主義の方もこれらを市場に乗せようとはしませんでした。タダどりした方が資本主義にとっては都合がいいからです。

このことは農の価値観にとって一番大切なことなのです。百姓が田んぼを耕し、田植えをし、田まわりをし、畦草刈りをします。これまではこれらは農業生産の私的な行為（労働）であり、米の価格によって、その対価は市場で支払われる、というのが農業に対する一般的な理解でした。農本主義者はそうは考えません。百姓が田んぼを耕し、田植えをし、畦草刈りをすることは、生きものを育て、風景を出現させ、天地の〝めぐみ〟を引き出して、みんなに（百姓以外にも）届けるために行う仕事だと主張するのです。

このめぐみは「公益」です。百姓仕事とは個人的な行為に見えようとも、公益を生みだす公的な仕事なのです。しかもこの公益に対価を求めようとしないのは、それを生みだす主体は百姓ではなく、天地自然だからです。個人の自由よりも、天地自然の法を優先させるのです。

百姓が天地に働きかけ、さまざまな〝めぐみ〟をいただいて生きている世界を、私は「天地有情の共同体」と呼んでいます。天地有情の共同体は、農作物以外のものを無償で供給し続けてきたのです。百姓はこのことをあたりまえのことだとして、取り立てて表現してきませんでした。しかし農本主義者は主張するのです。農は農業ではなく「めぐみ業」になるべきでした。

天地有情の共同体は、みんなに開かれているのですから、みんなのものです。したがってみんなで守らなければなりません。この場合のみんなとは、国民国家以前なら、村のみんなでしたから、村で守ればよかったのですが、現代では国民が守る必要があります。当然国家は守る義務を負っています。そのためにならば「農政」は存在してもいいというのが農本主義者の考えです。

流動的で無味乾燥なＧＤＰを国益の核にするのではなく、在所の母体となって村と国土を支えてきた天地有情の共同体の力を大切にせよと、農本主義者は言います。

†天地有情の共同体の衰え

村の人たちが、ときどき私のところに草の名前を聞きに来ます。それは決まって新しい外来種です。もともとある草なら、私に尋ねるまでもないでしょう。その外来種が年々増えてきています。しかもその増え方が半端ではありません。数年で村中のどこにでも見られるようになるのです。とくに圃場整備した畦や、除草剤を散布した畦には、すぐに入り込んでしまいます。

もちろん日本国に持ち込まれる外来種の数が格段に増えているのが一番の原因ですが、それをはねのける天地自然の生の力が衰えているのも事実です。その主因が農業の近代化技術にあることはこれまでも述べてきました。

それよりも、こういう外来種に気づく人間が村の中でも減ってきたことが心配です。百姓も生きものの名前を呼びながら仕事をすることは激減してしまいました。天地有情の世界へまなざしを向けるひとときが減ってしまったことが、天地有情の共同体の衰退のもう一つの原因なのかもしれません。

3 人間だけが生きているのではない

†百姓は人間中心主義になれない

最近威勢がいいリバタリアン(自由主義者)は「努力する人が報われる社会」がいい社会だとしています。そのためには能力のある人が勝ち、能力のない人が貧しくなるのはやむを得ないと主張しています。人間の欲望を全面肯定するこうした考え方と農本主義は対極にあります。百姓は天地自然からのめぐみで生きている以上、人間中心主義にはなれず、あくまでも天地中心主義なのです。金儲けが下手でも、社会の流れに乗れない人でも、それなりに生きていくことができる社会(共同体)であるほうがいいでしょう。

いくら優れた技術を行使して、収量が倍増したとしても、その倍増した分の九〇%は天地自然の力であることを忘れてはいけません。「しかしこの技術があったからこそ、天地自然の力を引き出して、収量が倍増したのだ」と言い張りたいなら、その技術がほんとうに天地自然に負担をかけていないかどうかを検証してから発言してほしいし、できることなら天地自然の力に対価を支払ってからにしてほしいものです。

「田畑の作物は生きもので、人間にはつくれない」ことは自明のことだと農本主義者なら考えます。それを「つくる」といった途端に、人間中心主義に陥って、傲慢になるのは、天地の力が無償だということを忘れてしまうからです。

これを証明してくれるいい事例があります。農業体験で盛んに行われている田植えはほとんどが前近代的な「手植え」です(わが家の田んぼも手植えです)。百姓仕事は全くの初体験の子どもたちが植えた苗であっても、最初は列が曲がっていても、後にはわからなくなって、ちゃんと育ちます。これは子どもたち(人間)の力ではなく、天地の力で育つからです。それは天地有情の共同体の一員だから、天地自然の力をもらえるのです。国民全員がどこかの天地有情の共同体の一員になることが、農本主義者の目指すところです。

†欲望がわきあがってこない世界

資本主義が発達する前は、百姓ではない人の欲望もあまり湧いてきませんでした。それは天地有情の共同体の影響ではないでしょうか。天地は人間の欲望に応えることはありません。夏は暑く、冬は寒いものです。しかし、夏の日陰の涼しい風は体の中まで吹きこみますし、冬の日だまりは心を温めてくれます。種浸花（タネツケバナ）が咲けば、種籾は水に浸けてくれと声を出し、彼岸花の葉が出てくれば、もう夏の草は伸びてきません。天地の移ろいに合わせ、天地の再来を待ち、天地の猛威には静まるのを待つことは、決して人間の敗北ではなく、天地に抱かれることをよしとする百姓の感性です。

農本主義者の生き方が禁欲的に（ストイックに）見えるのは、天地有情の共同体に対する感謝を優先させるからです。そうしなければ、人間は天地のめぐみを豊かに受けとる知恵を失うことがわかっているからです。天地に要求を突きつけるなら、天罰を覚悟しなければならなくなります。

田んぼに囲まれた田舎の旅館では、蛙の声がやかましいという客がいるそうです。私の家に泊まりに来た友人で、周囲の蜜柑畑の蜜柑の花の香りがきつくて眠れない人もいました。天地のめぐみに違和感を抱くようになっていくのは悲しいことです。蛙の声や蜜柑の花の香りを楽しみとするのは欲望の充足でしょうか。欲望とはちがう別のものが満たされるのではないでしょうか。それは「自然な」状態にあることでしょう。こうした世界では、欲望が湧かないのです。それは禁欲状態とは別物です。

†ストイックに生きる安心

質素に生きる方が、安心(あんじん)を得られます。贅沢をすると、不安になるのはどうしてでしょうか。「それはあなたが贅沢に慣れていないからだ」と言われますが、それだけではないと思います。仏教は悩み（煩悩）を脱却する知恵と方法を教えてくれています。現実世界へのとらわれ（執着）やこだわり（執念）を捨てよう、欲望こそが悩み・煩悩の原因だと教えてくれます。

ところが近代という世界は、何事につけ人間中心の見方を推奨し、よい欲望なら実現することを目指します。科学技術の発達によって自分の力では叶わなかったことを実現できるようになり、よい欲望は全面的に肯定されるようになったのです。それが「人間性の開花」だと言われてきました。残念ながらこのことに対して、仏教は本格的に反対して来ませんでした。

しかし、こうした欲望の全開・解放は、欲望を鎮めるものを見失わせます。欲望の肥大が決して人間の幸せにつながらないことは、第二章の図（一〇五頁）でも明らかでした。便利に、豊かに、楽になったからと言って、幸せとは言えないことは誰でも感じていることです。失ったものが見えるときに、私たちは不安になります。いや、安心の世界を失ったからこそ、私たちの悩みは深くなったのです。

それでは「安心の世界」とは何でしょうか。十年一日のようにくり返すものこそ、過去から未来へと流れているもので、私たちを安心の世界に包み込んでくれます。その安心世界こそが、欲望を鎮めてくれ、近代的な価値観に対抗することができます。その代表が天地有情の共同体でした。

農とは天地に浮かぶ大きな舟だと言ってきましたが、ここでもう一度強調したいのは、この舟に乗っているという自覚こそが、安心の拠り所なのです。天地有情の共同体の本体は、言わば天地中心主義で、人間中心主義から噴出してくる欲望を手なずけ、鎮めてくれるものです。

したがって農本主義者が大切にするのは、天地自然に没頭することなのです。その時には、忘我の境地になり、欲望は消え去ります。「でも我に返ったときには、元の木阿弥ではないか」と言われるかもしれません。それでもいいのです。そういうひとときをくり返しくり返し味わい、失わないようにするなら。

4　過去と未来をつなぐ生き方

†過去のために生きるとは

「過去のために生きる」と言うと、ずいぶん後ろ向きな印象を与えますが、そうではありません。私たちは過去の先人から大きな財産を無償で受けとっています。その最大のものは、天地自然との関係を豊かに安定させる「無形の知恵」です。なぜ赤とんぼが東南アジアから飛んでくる時期に田植えをするのか、なぜ蛙が産卵したくなる時期に田植えをするのか、なぜ彼岸花に合わせて畦の草刈りをするのか、なぜ白鳥や雁や鶴たちのために田んぼに落ち穂を落とすのか、などなど季節に合わせた百姓仕事は、先人の知恵の体系です。しかし、その因果関係はよくわかりません。でも、わからなくてもいいものなのです

次に、先人から引き継いだ「有形の大地」があります。先人は天地有情の共同体に大地を組み込みました。大地に働きかけ、田畑を開き、水路やため池をつくり、山や海辺に植林し、天地自然のめぐみを受けとめる母体を残してくれました。私も田んぼを鋤きながら、

よく思います。この田んぼになる前にあった樹木を引き抜いて、石を取り除き、石垣を積んで、平らにして、水を引くまで、人力で自力でやれと言われたら、途方に暮れるでしょう。先人の百姓にはただただ頭が下がります。

私はこうした有形無形の財産を引き継いでいるのに、そのお礼を先人に払いたくても払うことはできません。それではどうしたらお礼を払うことができるのでしょうか。ひたすら耕し続けることが、唯一のお礼の仕方ではないでしょうか。

生きかはり　死にかはりして　打つ田かな

私の好きな村上鬼城の句です。田畑や山林を前にすると、こういう感慨がいつも湧き上がってきます（打つとは、鍬で耕すことです）。

未来のために生きるとは

それでは未来のために生きるとはどういうことでしょうか。一言で言うなら、過去の先人から引き継いだおくりものを、未来の世代に送り届けることです。田んぼを、畑を、山を、川や水路を、村や伝統行事を、そして生きものたちと百姓の経験（知恵）を、つまり天地有情の共同体のすべてを衰えさせないで、引き継いでいくことです。

五〇年後のくらしを考えてみればいいでしょう。石油は採掘寿命を延ばすために減産されているでしょうし、その消費・配分も優先順序がつけられるようになっているでしょう。もういちど天地有情の共同体の力を再評価して、再依存する準備をせざるをえなくなるのです。となりの婆さんがカマドでごはんを炊いているのは、遅れているのではなく、未来を先取りした最先端のくらし方なのです。

†現世利益だけで生きる危険性

現代の資本主義の価値観は過去を否定する一方、未来を準備する思想もありません。もう一五年ほども前のことですが、みんなで植えた村の共有林の杉の木を伐採しようということになり、見積もりをとったところ、もう樹齢四〇年になっていたのですが、一本一四〇円でした。これに伐採の手間暇が加わるのですから、収入が得られるわけはありません。四〇年後の未来に残そうとして植えた杉の苗木は、四〇年後の社会に迎えられないことを想像したでしょうか。こうして現代社会は過去の夢(それは未来にかけた夢)を押しつぶし、未来のことを考えて、未来のために仕事をしようとする精神を殺してきました。

しかし、現代という時代の価値観に合わないからといって、農をやめるわけにはいきません。ここはじっと我慢をして、何事もなかったようにほほえんで、今年もまた天地有情の共同体を支え続けるのです。

5 在所の思想

†在所の中に国がある

今は亡きシンガー・ソングライター村下孝蔵に「この国に生まれてよかった」といういい曲があります。四季折々の風景を愛でながら「この国に生まれてよかった」と彼はつぶやき、その風物として恋人に「ただひとつの故郷で君と生きよう」と自分の在所のことを歌います。だから実感がこもっているのです。私たちもいいことがあったり、すばらしいものを見たりすると「この村に生まれてよかった」でもいいはずなのに、「日本に生まれてよかった」といい、「国」を持ち出すのは、なぜでしょうか。褒め言葉で「よおっ、日本一」というのも同じ感情でしょう。日本と言っても、行ったことのない村や町の方が圧倒的に多いのですから、厳密には「日本一」かどうかはわかりません。同じように「日本

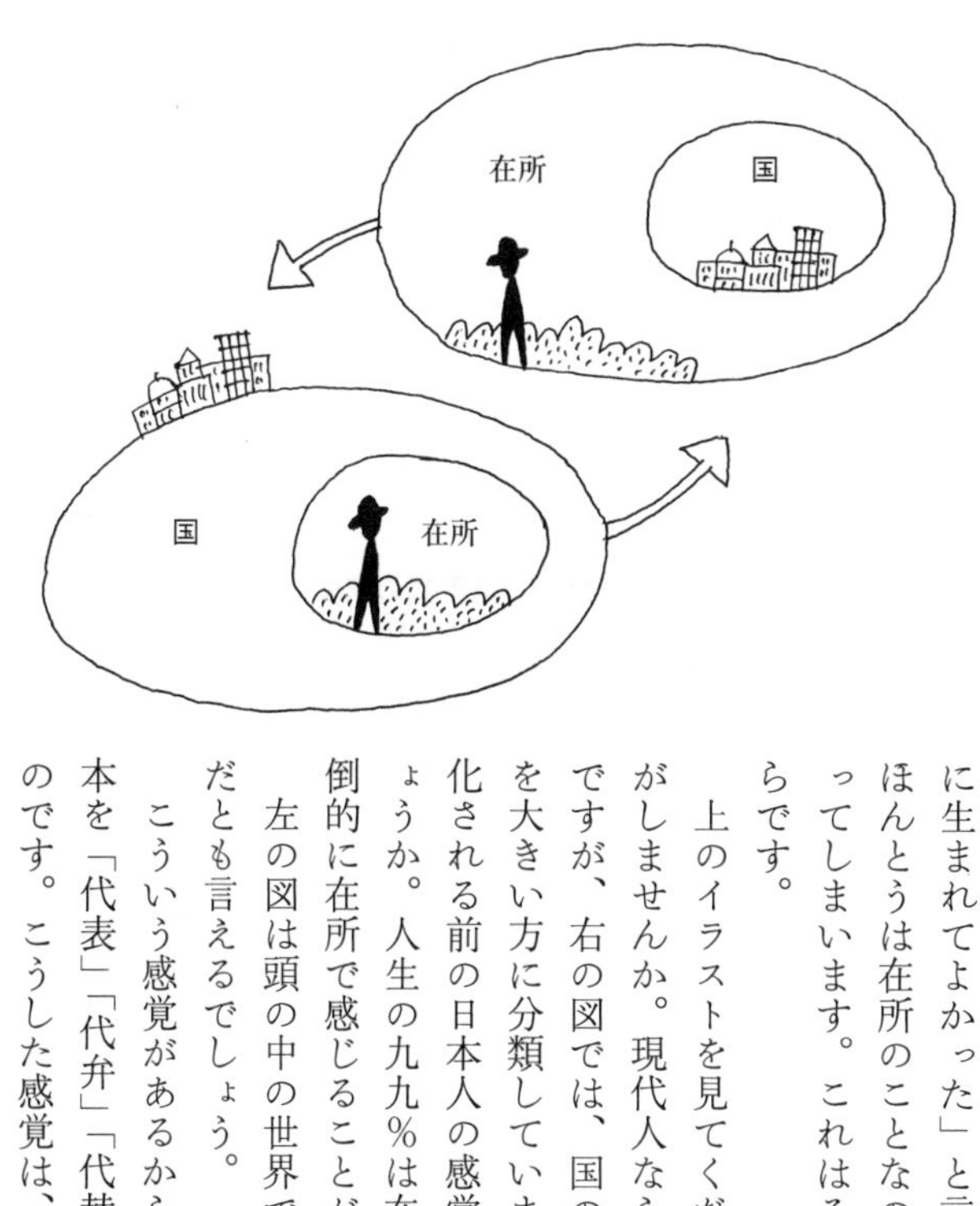

に生まれてよかった」と言うときの「日本」とは、ほんとうは在所のことなのに、つい「日本」と言ってしまいます。これはそのように教育されたからです。

上のイラストを見てください。右の図は変な気がしませんか。現代人なら左の図は合点がいくのですが、右の図では、国の方を小さく、在所の方を大きい方に分類しています。こちらの方が近代化される前の日本人の感覚だったのではないでしょうか。人生の九九％は在所で暮らしていて、圧倒的に在所で感じることが多かったのですから。

左の図は頭の中の世界で、右の方は実感の世界だとも言えるでしょう。

こういう感覚があるから、違和感なく在所で日本を「代表」「代弁」「代替」させることができるのです。こうした感覚は、現在でも残っています。

村で暮らしている百姓の実感としては、在所の世界が自分の世界のほとんどです。国は、新聞やテレビや雑誌の中に、たまには役場や農協からのチラシの中に、顔を出すだけです。遠いところに、小さくあるだけです。

　でも、一旦在所を離れ、日々の百姓仕事とは関係のない会議などに出席すると、この図が入れ替わってしまうのです。国家の中に小さく浮いているのが在所になります。そしてこういう見方、見え方の方が「正常」だと言われ「常識」になっているのです。

【大】	【小】
在所	国家・地球
内からのまなざし	外からのまなざし
農	農業
自給	自給率
生業（くらし）	経営
仕事（手入れ）	労働（技術）
伝統	近代化
カネにならない世界	カネになる世界
実世界	科学で捉えた世界
パトリオティズム	ナショナリズム

表3　世界観の転換
（大・小は内から見た場合の区分にしています）

これは近代化された人間と社会の特徴・性格でしょう。なぜそうなるのでしょうか。

　右の表の「大」と「小」を、先の図に当てはめてみると、容易に入れ替えが可能だということがわかるでしょう。これは見方（まなざし）の違いなのです。内からのまなざしで見れば「大」に見えるものが、外からのまなざしで見れば「小」に見えます。

　このように同じものが二通りに見えるようになったのが、人間が「近代化」された証拠です。かつては一緒だったものを二つに分け、しかも新しく導入した（近代的な）外からのまなざしの方を大きいもの、広いもの、普遍的なもの、価値あるものとしていったのが、近代化というものでした。

†共同体の再検討

「村」と言えばいいものを、私もつい「共同体」と言ってしまいます。かつての左翼のように「村」とは「封建遺制」の代表であるという印象は滅びてはいません。ただ、近年になって私が面白いと思っているのは、コミュニタリアン（共同体主義者）のことです。コミュニスト（共産主義者）とは対称的な考え方です。「コミュニタリアン」は人間の理性を最重要視するリベラリストや人間の欲望を全開にするリバタリアン（どちらも自由主義）を批判しています。簡単に紹介しておきましょう。

「そもそも物事のよしあしの判断は、自分一人の理性的な判断ではなく、共同体の中で身につけた価値観をベースとしてなされる。自分がやったことや言ったことが、共同体の中で「それはいいね」と承認されてはじめて「いいこと」として意識されるのだから、自分の判断の土台には共同体で生きて来た経験がある」という思想です。

ただ、コミュニタリアンは「共同体」を人間だけの共同体ととらえています。そこに大きな問題があります。私はこれを「天地有情の共同体」ととらえるなら、数歩先に進めるような気がします。人間だけでなく、天地自然を入れるのです。そうすると農本主義と相性がよくなるばかりか、反近代、反資本主義の思想として、連携できるのではないでしょうか。

コミュニタリアンはアメリカで生まれたこともあって、人間社会の伝統しか考えていませんが、むしろ天地自然と人間の関係にこそ力点を置いてとらえ直すと、農本主義に近づくでしょう。

†新しいパトリオティズムと新しいナショナリズム

ナショナリズム（愛国心）が未だに警戒されるのは、これだけ私たちは日本国民化されているのに、これでもかこれでもかと国旗や国歌が強制され、国益が強調されるからでしょう。さらに、米軍基地を押しつけられている沖縄の現状や、国境の島々だけでなく山奥の村々の荒廃に目を向けるときに、ナショナリズムが空洞化している実態に気づき、愛国とはつくづく愛郷とつながっていないとため息が出ます。

そのパトリオティズム（愛郷心）だって、百姓が減ってしまった現代日本では、単なる地方重視の考え方に縮小しています。また都会の人からは「私にはもう帰るふるさとがありません。したがって在所感覚が弱いので、愛郷心は薄いのです。農家のように愛郷心が愛国心よりも勝る、という感じはしません」と言われることがあります。ふるさとや田舎や農村や在所は、物理的ではなく、心理的に消滅して来たのです。だからといって、その分国家意識が強くなったわけではないでしょう。

愛国心よりも愛郷心が大切だ、という話が説得力を持つためには、多くの人が「パトリオティズムの対象となるふるさと」を持つ必要があります。百姓には自明なことでも、こんなに百姓が減ってしまうと、共有することが難しくなっています。この問題を解決する道をさがしてみましょう。

†新しいふるさと

米や野菜や魚を食べるときに「これはどこで穫れたものだろうか」と思いをはせる習慣は滅びてはいません。工業製品はとっくに産地などに関心はなくなっているのに、農産物や海産物に対しては、米や魚が育ったふるさと(産地)を気にするのはどうしてでしょうか。「どういう産地かによって、安全性を確かめたいのだ」という声も聞こえてきますが、もっと深い理由があります。

人間だって「どこの出身ですか」とつい尋ねたりします。その人が背負っているふるさとの風土を知りたいからです。まして同郷だとわかると、親近感が急に高まります。人間には生まれた土地の風土が染みこんでいると感じているのです。それは人間が生きものだからでしょう。生きものは天地自然の力を支えにして生きてきましたから、当然天地自然の相貌がどこかに刻印されているのです。

同じように、百姓でない人が食べものの産地を尋ねたがるのは、食べものという生きものが育った天地自然を感じたいのです。なぜなら、食べもの（農産物・海産物）は天地自然のめぐみだからです。その証拠に、米も野菜も魚も（天地から）「獲れた（獲れた）」「できた」という表現は滅んではいません。

私たちは百姓もそうでない人も、毎日の食事のたびに、食べもの（生きもの）のふるさとにつながっています。「いただきます」と言いながら、食べもののふるさとの天地自然のめぐみを体に取り込んでいるのです。食べながら、意識するかどうかに関係なく、食べものからそのふるさとの水や空気や光や大地を届けてもらっているのです。こういう感覚はたしかに薄れてきましたが、取り戻すことは可能です。

「田んぼの生きもの調査」は、米のふるさとの天地有情の共同体に触れるためのとてもいい方法です。いつも食べている米の産地への旅行を企画している生協があります。そこで百姓の話を聞いて、生きもの調査をやらせてもらうのです。その旅行から帰ってきた父と息子の会話です。

「初めて田んぼに入ったけど、どうだった?」「ほんとうにお玉杓子がいっぱいいたね。メダカも源五郎も泳いでいたね。燕も雀も飛んでいたね」「あの村でとれた米を毎年買って食べていたんだけど、はじめて訪ねることができたな」「これは、あの田んぼでとれたごはんだね」「そうだよ。また夏になったらおいでと言ってくれたね」「今度は夏休みに行ってみようよ」「そうだね」

これは新しいふるさとができた瞬間の場面だとも言えるでしょう。

「国民皆農」という言葉があります。『大菩薩峠』の著者、中里介山(彼は農本主義者でした)の小説『百姓弥之助の話』(隣人之友社、昭和一三年)に出てくる言葉です。弥之助が雑誌に載った記事に賛同して、著者に手紙を出すという設定です。その記事を要約してみます。

私は「国民総耕作」と言ったことがある。国民皆兵の如く、われわれは皆農でなくてはならない。一生のうちの一、二年間、農業に従事して、その年の国民の主食物を収穫するのである。この方法を繰返してゆけば、日本人は、皆自ら耕した所の米を生涯たべる権利と余裕とを持つことができる。

われわれは米と麦とをたべて、日本の地の上に生活している。その主食物を各自の共力で収穫することは何より愉快である。農は百業の基であり、われらは地を離れて生活できない。土に親しむことは青年修養の一つでもあり、大自然の恩恵とその暴威とを知ることになる。

現代では、「国民皆農」のスタイルはいろいろなものがあります。農業体験であってもいいでしょうし、市民農園を借りて百姓するのも立派な「農」だと思います。あるいは「産直」も都会人が天地有情の共同体の一員になる運動だと位置づけし直すといいでしょう。中里介山の主張も食料生産だけでなく、天地有情の共同体の一員になることを重視しています。それこそが「愉快（楽しみ）」だと言っているのです。ようするに、ゆるやかで新しいふるさとを、一つと言わずいくつでも自分でこしらえることです。それがもうひとつの在所になるのです。

第4章

農の精神性——生の本体を見つめる

1　大切なものを忘れている農業観

†天地観はどこに行ったのか

「農とは何か」を深く考えていくと、自分は天地自然とどう向き合っているのか、そこで生きている生きものの生死をどう感じているのか、というような思いにとらわれていきます。自分自身で答えを出さないといけなくなるのです。こうして絞り出していく答えをとりあえず「農の精神性」と名づけることにします。それはこれまでのほとんどの「農業論」が手に負えないとして避けていたものです。

農業を合理的（実利的）に理解しようとするのが現代社会の習慣です。当然ながら農学も農業生産を収量やコストや労働時間などの要素に分解して分析します。また農の母体となっている天地自然は、光合成と水分と養分などに分離されて解析されます。こうなると、天地自然の本体は見えなくなってしまいます。

戦後の農本主義者松田喜一の言い分を聞いてみましょう。

農業の相手は農作物である。農作物は天地の霊力で育つのである。したがって「農作物もまた天地である」。そしてその天地の霊力で育つ農作物を、人間がお手伝いをして育てるから、天地と人間とが農作物を通じて完全に握手をしているわけである。これが農業である。だからこそ「農作物の心がわかる者は、天地の心がわかる者」で、天地の心がわかる者から見れば、都会の華やかな生活も、立身出世も羨ましくないようになる。

それでは、農作物の心はどうすればわかるか、それは「神の技」あるものは、みな農けるのである。作物の心がわかるのである。作物の前に立てば、作物の訴えが聴こえる。声なき声が聴けるのである。農作物と話ができるのである。これが「入神の技」である。故に我々の職業では「農技を通して天地の声が聴ける」のであり、「天地の御心すなわち農魂」であるから、結局「農技なければ農魂なし」である。(『農魂と農法・農魂の巻』)

現代の百姓は「収量」が高いのは、いい農業技術を行使しているからだと考えがちです。これに対して松田は、作物がよくとれるのは、農技が入神の域に達しているからだと言うのです。松田の言う「農技」は農業技術とはまったく違います。作物の手入れに没入しなければ、つまり「農技」を通さないと作物の声は聞こえない、というのですから、すでに合理性を超えて、人間の精神世界にまで届くものです。これは痛烈な科学技術批判でもあります。松田は続けてこう言います。

天地の恩恵で稲や麦が育つという考え方は宗教である。科学的に言えば、太陽も、空気も、土壌も、水も物質でしかない。しかしいかなる科学も、未だ人間はもとより、虫一匹も造ることはできない。すなわち「生命」ということに及べば科学では、虫けら一匹がどうにもならぬのである。ここに人間の及ばぬ霊体がある。実際神様とて言わなければ始末がつかない無形のものがある。それが天地の中に充満しているから、私どもはこれを天地天地と言っている。私どもが生きていくのはことごとく天地のご恩である。思えば天地のご恩は想像も及ばぬほど偉大であるが、それが全く無代である。(『農魂と農法・農魂の巻』)

こういう世界の表現を「非科学的」だとして退けてきたのが、日本の近代の学でした。しかし、いくら近代化されても近代化できないもの、いくら科学が発達してもつかめないもの、つまり「天地の霊力・霊性・霊体」としか言いようのないものは現実にあるのです。現代の百姓だって、しばしば実感することがあるでしょう。こうした世界を農本主義者は滅ぼすわけにはいかないと考えました。

†天地への没入のすごさ

かつて農本主義者が百姓仕事の中で一番大切にした「自然への没入」とは、自分を忘れるぐらいに百姓仕事に没頭してしまうことです。

それに似た境地を探すなら、仏教の解脱・覚りの境地ではないでしょうか。それは人間の悩みを「不自然な」状態だと捉え、「自然な」状態の人間に戻していくことを意味しています。したがって、日本人なら「天地自然に没入する」ことは「自然（な状態）に帰る」ことだと想像します。「土に帰る」「大地に帰る」そして「自然に帰る」と言うときの、土や大地や自然は、一見名詞の具体的なもののように思えますが、そうではなく形のない大きなもので、人間の力では捉えることができない自然なものなのです。

ところが西洋人的な発想に近づいてしまった現代の日本人は、これを文字通り「自然環境への没入」つまり「自然と一体化して、我を忘れた状態」と言ってしまいがちです。たしかに、百姓仕事に没頭しているときには、我を忘れ、時を忘れ、いる場所を忘れ、何もかも忘れていて、ふと気がつくと、「もうこんな時間か」ということはしょっちゅうあります。そして我に返った名残の中で周囲を見渡すと、そこにあるのは自然な自然ですから、そうかこの状態は「自然への没入」と言えないこともないな、と思うのです。
橘孝三郎は忘我の境地を一歩進めて、大地、作物と一体になること、つまり天地自然と一体になることこそが、自分の百姓たる所以だと言っていました。

百姓は百姓が林檎を作るんじゃ駄目だ。百姓はその林檎を作る林檎にならなければいかん。もっと百姓はこのまま大地にならなければ駄目だ。大地に生まれ、大地に育つのだ。だから百姓が大地にならなければ、どうしてうまく育てられるか、それが私の百姓である。（血盟団事件公判記録の井上日召の証言。〔中島岳志『血盟団事件』文藝春秋〕）

百姓にとっては「自然との一体化」は作物になりきり、作物の気持ちがわかり、作物の声が聞こえる境地を意味します。百姓がどんなに苦しくても、どんなに貧しくても頑張って来ることができたのは、こういう世界があったからだと言ってもいいでしょう。それを「百姓仕事の喜び」「天業翼賛の境地」「天地有情の世界」などと表現し、労働や労働時間や効率などという考え方を浸透させる資本主義に対抗させたのが、かつての農本主義者でした。これからの新しい農本主義者もそうです。

†宗教に近い境地

たしかに農本主義は宗教的な雰囲気があります。それは何よりも、百姓が天地自然に没入し、その天地自然と一体になる境地をあえて表現しようとすると、合理的な説明にはならないからです。仏教が「覚り」を懸命に言葉にしようとしたこととも通じ合います。

現代人はこうした天地への没入という、言わば前近代的な天地観を耳にすると「宗教的な響き」を感じるのです。農本主義が宗教的な香りがするのは、曲解ではなく、近代を超えていくための生き方が匂っているのかもしれません。

松田喜一の言葉をもう一度かみしめておきましょう。

> 信仰は理屈ではないから、実に厄介である。しかし、霊ある農作物や、動物が、芽が出たり、生まれたり、育ったり、それがことごとく天地の霊力によることだけは誰が考えてもわかるであろう。工場で働く職業でなく、都会に店を並べる職業でもなく、相手が天地の力で営まれる職業であるから、百姓に信仰心が生まれなければ、他にはこれを養う道はないのである。(『農魂と農法・農魂の巻』)

天地自然の力を科学的に分析するのではなく、人知ではとらえられない「霊力」だと感じることも大切ではないでしょうか。そういう気持ちになった時に、天地自然への信仰心に似たものが湧いてきます。

これが、すべての百姓が「天地教」の信者になってもいい理由なのです。現代社会は自然への渇望に満ちています。それが農へのあこがれや期待に変わっていくように、農本主義者は努力します。「農は天地に浮かぶ大きな舟」なのですから。それが新しい宗教だと言われるなら、ほほえんでいればいいでしょう。現代の思想に飽き足らずに、もっと深く心の底に降りていき、それを表現できるなら、それはひとりひとりの宗教になるでしょう。

2 生きものの生死をどう感じるか

†百姓ほど生きものを殺す仕事はない

「百姓ほど、生きものを殺す仕事はない」と言うと、ほとんどの人が怪訝な顔をします。「えっ、農業は生きものを育てる仕事でしょう?」と反論されます。たしかに百姓も「殺す」という感覚を持たないわけではありませんが、「生きものを殺すから農業をやめた」というような話は聞いたことがありません。なぜ百姓は殺しているという感覚が希薄なのでしょうか。

百姓にとっては、天地の中の生きものの生死は、天地の采配による自然な現象なのです。よしんば土を起こしたり、草をとったりしても、それを草を殺す行為だとは感じません。それも「自然な」仕事だったのです。それは天地の下で、人間が自然にふるまっていた時代から続いてきた百姓ならではの感覚です。

ところが、現代日本の百姓は「百姓ほど生きものを殺している職業はない」と感じることも多くなりました。農薬という科学的な技術を使用するようになった影響は少なくありませんが、それよりも「自然（Nature）」という概念を身につけたからでしょう。

自然を外から見ると、田畑を耕すだけで、多くの生きものを殺していると自覚できます（草や虫やみみずや蛙など）。さらに生き延びた生きものも鳥が食べやすくしています。トラクターの後を鷺たちがついて回り、餌をついばんでいる風景は珍しくありません。

†生きものの死とは

二四〇〇年前に釈迦は、百姓が耕した畑から出てきた虫を鳥がついばむのを見て、生きものが抱えている生と死の苦悶に目覚め、救済の道を求め続け、遂には仏教を開いた、と言われています（『和文仏教聖典』による）。これは相当に物語化されているとは言え、釈迦は百姓ではなかったから悩んだのかもしれません。

なぜ釈迦は悩み、百姓は当時も今も悩まないのでしょうか。私たち百姓はそれを「あたりまえ」だと思い、「仕方がない」と感じているからだと思います。幸いなことに、田畑を耕すために、絶滅していく生きものはいないようです。その証拠に、毎年（二〇〇〇年以上もと言ってもいいでしょう）生きものはそこにあたりまえに出現してくれます。これは天地が百姓を悩まずに済むようにしてくれていると言うしかありません。したがって、生きものが「あたりまえ」にいることが、殺生を「仕方がない」と容認し、ことさらに自覚させない原因なのかもしれません。

百姓仕事の中でも「草とり」ほど、生きものと濃密に関わる仕事はありません。百姓がもっとも没頭しやすい仕事です。その理由は、直接手を下して、体そのもので、草という相手に触れ、しかも相手の「命を奪う」仕事だからです。それなのに「命を奪う」という認識がないのはどうしてでしょうか。

私は、「生」が満ちあふれているからだと思います。ここでは、死は生とつながっています。草とりは草を根絶させる仕事ではなく、また来年も草と再会し、草とりをすることが約束されている仕事です。

外からのまなざしでは、このことを「草の再生」と呼びますが、この「再生」という言葉は、もともとは死んだものが生き返ることでした。その草は死んでしまっても、残っていた種が芽ばえると「再生」と言います。「草はとってもとっても生えてくる」という百姓の感覚によく当てはまります。

となりの婆さんが夏になると、いつも言っています。「今年も草がよう伸びる季節になったね」と。つまり今年も草とりができる季節がめぐってきたことに喜びを感じているのです。「草とりは、とってもとっても、また生えてくるやりがいのない作業だ」という近代的な発想とは対極です。後者は除草剤の開発につながり、草を根絶に追い込むことをよしとする精神を誕生させました。近代化技術の開発者は、草の死にきわめて鈍感です。

近代的な除草剤の開発は、二重の意味で大きな罪を犯しています。ひとつは、草そのものの再生を妨げていること。もうひとつは、これまで人間が草の死に悩まなくてもよかったのに、悩まなくてはならない世界の扉を開けたからです。だからと言って、草の命が真摯に見つめられているとは思えません。

†無駄な殺生をしたくない感性

現代は「命・生命」が過剰に重要視されていて、異常な感じがします。こう言うと、「誰だって、命が一番大切でしょう」と反論されます。「それは人間の命のことですね」と念を押すと、「当然でしょう」と答えが返ってきます。

口蹄疫で二九万頭以上の牛や豚が「殺処分」になり、鳥インフルエンザで二〇〇万羽以上の鶏がこれも「殺処分」になりましたが、これらの命は対象に入っていません。すべては「人間のため」に（ナショナリズムのため、というのも忘れずに付言しておきます）生と命を奪われたのです。

数年前にうっかり田んぼの水を切らしてしまいました。掛け流しにして出かけたのですが、上流から流れてきたビニール袋が水口をふさいで、田んぼに水がかからなくなっていたのです。一枚（四畝）だけが干上がり、おびただしいお玉杓子の死骸が横たわっていました（外からのまなざしを導入するなら、八万匹を殺傷したことになります）。

これは天災（自然現象）ではなく、私が家を空けたせいですから、さすがに自責の念にかられました。ほんとうにすまなかった、と詫びましたし、悔やみました。いやこれが天災によるものだとしても、百姓はかわいそうだと思うのです。いつもそばにいる生きものの死に鈍感でいられるはずはありません。

したがって「無駄な殺生はするな」という教えは、動物に関しては、百姓なら腑に落ちるものです。しかし、草の場合はそうではありません。草とりをしていても、草を殺しているという感覚はありません。日本の百姓が草を「殺す」という視点を持つようになったのは、「不殺生戒」という生きものを殺してはいけないという仏教の戒律の影響ではないでしょうか。

†不殺生戒は草にも及ぶのか

古代インドのパーリ語の初期仏教経典では、はっきり草木を生きもの（有情）としています。続いて現れた部派仏教でも、植物は一つの感覚器官を持つ生きもの（「一根」の衆生）とされていて、「不殺生戒」は植物にも及んでいました。

ところが四世紀から五世紀にかけて成立した大乗経典では、それまでは托鉢で得ていた肉は食べてもいいとされていたのが、肉食自体が全面的に禁止されました。この「禁肉食」を実行すべく、植物の方を食べやすくするために「非情化」したのだそうです。動物とちがって、植物には意識がない、したがって食べても無慈悲にはならない、という論理が大乗仏教で登場したというのです（岡田真美子『人と動物の日本史4　信仰のなかの動物たち』吉川弘文館)。

日本に伝わった仏教(大乗仏教)は、植物は有情ではない、という立場の仏教だったのです。古代からの日本人は、草木も生きもの(有情)だと感じてきたので、これには戸惑うはずです(『日本書紀』巻第二、神下には、葦原中国[地上界]では「草木咸能く言語有り」とあるぐらいです)。

そこで平安時代になると、日本では「山川草木悉皆成仏」という天台本覚思想が生まれました。草木などの「非情」にも仏性があり、成仏できるという教説です。草木は有情(生きもの)に戻ったのです。

いずれにしても植物を「殺す」ということを、はじめて意識するようになったのは仏教の影響ではないでしょうか。ただ、この草も有情だとしたのは、それまでの日本人の草木にも霊性があるという感覚が土台になっていたのではないかと思われます。なにしろ日本人の大多数は百姓だったからです。草とりで草を「殺している」という感覚よりも、草に「生」と「たましい(霊性)」を感じていたのですから。

†いのちの変質

「草木も生きている」と言えば、反対する人はいないでしょう。ところが「草にも命がある」と言うと、違和感を感じる人が増えてきます。さらに「草木にはタマシイが宿っている。霊性がある」と言えば、多くの人が少し眉をひそめ「それは宗教的な見方ですね」と反応します。

ここには①生、②生命・いのち、③魂・霊性、の三層があることがわかります。もとは一つだったものが、現代社会では三層に分かれてしまった、と言ってもいいでしょう。草が芽ばえ、葉を伸ばし、花を咲かせ、実を稔らせるのは、「生」そのものです。しかし、その生の根源には、その生を生みだし、支え、終わらせ、そして再生させる何かがあるはずだと感じ、そう思う時にそれを「いのち」と命名したのです。さらにそのいのちは、生のときも、生を失った後も存在し続ける、もっとたしかな、それでいて姿ははっきりしないものの力で統御されているのです。その存在を「たましい」(霊性)と呼んだのです。

ただ近年気になるのは、「生命」が科学的に説明できるものとして、「いのち」から分離していることです。科学がまるで「いのち」から精神性を抜き取ったものが、「生命」であるかのような説明をしてしまうのは、危険な試みではないでしょうか。

かつての日本人にとっては、「生」があっても「いのち」や「たましい」のない生きものは、生きものではなかったのです。この場合の草の「生・いのち・魂」は、人間の「生・いのち・魂」と別物ではありませんでした。なぜなら同じ生きもの同士、生きとし生けるものだからです。

3　科学的で合理的な見方ではとらえられない世界

†一服するひとときの意味

百姓仕事の合間に一服するひとときは、休憩時間であり、疲れを癒やす時間だというのがこれまでの理解でした。たしかに賃労働では休憩時間は、労働を続けるために必要な休息・準備時間かもしれませんが、百姓仕事の場合は、まったく別の意味を持っています。

それは仕事の最中には見えないものを見る時間なのです。百姓仕事とは相手である作物や田畑との関係への熱中、あるいは天地自然への没入ですから、そこから醒めたときに、真っ先に目にするのは風景です。それは眺めると言うよりも、風景の方から飛び込んでくるのです。それまで、そういう風景に囲まれて（包まれて）仕事をしていたため、そのように感じるのです。

その時の風景とは、見慣れたあたりまえの風景だからいいのです。そこに変化があると、心がざわめき、心が休まりません。もちろん変化がないと言っても、四季折々の移らいは毎年変わらずに訪れていますから、そうした変化とはちがいます。

しかし、その場合でも二つの気づきがあります。たとえば、畦で一服しながら、あらためて田んぼ全体の稲の葉の輝きに目をとめ「うん、今年もまたよく育っているな」と感じ、お玉杓子に足が生えてきたのを見て「今年もまたそろそろ水を落としてもいいな」と考えます。これは、たしかに仕事の出来栄えを判断し、あるいは次の仕事の予定を考えているのですから、仕事と無縁ではなく、その延長にあると言えるでしょう。

ところが、夕刻になると稲の葉先から一斉にあふれてくる露の輝きに「きれいだ」と感嘆し、お玉杓子の群れを見て「今年もまたいっぱい生まれたな」と安堵するのは、直接仕事と関係はありません。だからただの休息時間の中で見るともなく見ている風物にすぎない、と思うなら、それも違います。

百姓は一服するときに、ことのほか生きものの姿に目をとめます。あるいは生きもので満ちている風景を眺めます。そして、必ずしも自覚していないのですが、そこに仕事とは別の天地有情のメッセージを読み取っているのです。稲の葉露のきらめき、お玉杓子の泳ぐ波紋に、天地有情が今年も繰り返し、そこにあるということを確かめているのです。

まるで十年一日の如く、変わらない生きものたちがそこにいて、生をくり返している風景こそが、あたりまえの何の変哲もない世界、つまり天地有情の共同体の姿なのです。この世界の中につつまれているという感覚が、一服するときに訪れます。これは仕事の最中にはなかなか自覚できないものです。この時の天地有情との一体感が、百姓を安堵させ、やすらぎを与えてくれ、身も心も休まるのです。

†二宮尊徳の休憩時間

天地の一員として、天地と一体化している百姓のまなざしは、表現する必要があまりないものでした。ところが、このことに価値を見いだした特異な百姓が江戸時代の末期にいました。二宮尊徳です。彼の歌を紹介しましょう。

音もなく　香もなく　常に天地(あめつち)は　書かざる経(きよう)を　くりかえしつつ

天地のあらゆる様子はまるで「経」を繰り返しているようだ、と二宮は言うのです。天地有情からのメッセージを、彼は釈迦の説法＝教え＝経になぞらえています。天地自然の様子は百姓が生きている母胎です。その様子は子どもの目に映る母親みたいなものです。また作物や田畑や里山の風景とは、自分が行ってきた仕事の結果ですから、その様子にこれからやらねばならない仕事を読み取ることは、百姓なら当然のことだと思われます。

それは、冷静に客観的に「観察」して読み取るものではなく、直感で感じとるものです。風景を対象化して、つまり人間と自然とに分けて、分析して結論を出すのではなく、天地のもとで、天地有情の共同体の一員として務めを果たす、というような感覚を持って風景や生きものの様子を見るのです。

それを自覚的に行うと「経」として読み取ることができると、二宮尊徳は感じています。こう言うとすぐに、その「経」とは「自然の法則」のことでしょう、と理解する人が多いかもしれません。これは決して的外れとは言えませんが、根本的に次元が違うと言わざるをえません。「自然の法則」はあくまでも、自然の外からの冷静なまなざしでつかむものです。

二宮は単に天地自然の様子を観察しているのではないのです。したがって「自然の法則」というと、誰にも通用する合理的なものですが、「経」は自分だけが受けとる教えです。浅く受けとることも深く受けとることも、時には間違って読みとることもあります。百姓の経験の力量に左右されますし、在所の文化や風土、自然環境によって、大きく異なるでしょう。

たしかに二宮が「経」と言っている以上は、そうした個人の差、地域の差などを超えたひとつの真理みたいなものが根底にあると考えていることは明らかです。それこそが「天地自然」を貫くものです。しかしそれは客観的な法則ではなく、自分を律していく教えみたいなものですし、天地自然への感謝の気持ちが根底にあります。この感覚を表すために、二宮は釈迦の教え＝「経」を持ち出したのでしょう。

天地は有情（生きもの）で満ちており、その有情の生は毎年変わらずにくり返すものだからこそ、ありがたく嬉しいものだという覚りのようなものがあってこそ、天地からの教えを受け取れるのです。

このような「教え」、つまり「経」を百姓は眼の前の風景から読み取ります。たぶんそれはありふれた、あたりまえの風景です。だからこそ、とりたてて言うべきことはないように思えます。現実にも、百姓はこのような日常茶飯事な風景から読み取った教えを、表現することはありませんでした。ただ一つ一つ胸の中に納めていくだけです。そして忘れてしまうことがほとんどです。したがってこのような世界は、記録に残っていません。しかし、時代は変遷し、自然への科学的な分析が精緻になり、科学的な表現が豊かになればなるほど、百姓の精神世界はいよいよ表現の場と機会がなくなっています。

✝一服から休憩時間へ

話を元に戻しましょう。百姓がもっとも、ありふれた在所の風景を眺めるのは、一服する時間だと言いました。しかし、この一服する時間と場所が変質してきているのです。田んぼの圃場整備で、失われた最大のものは木陰ではないでしょうか。なぜ田んぼが日陰になることを承知の上で、先人は田んぼのそばに木立を残したのでしょうか。もちろん桑の木や櫨の木やハザカケの木などは、暮らしに必要だから植え、残したのですが、そうでもないところに、役に立たない木が植えられていました。それは一服のための木陰を提供していたのです。

夏の暑い昼下がり、自動車のクーラーを効かして、車内で休憩する百姓がいます。冷房の風は木陰の風より温度も低く、科学的に見れば涼しく、快適に休めるかもしれません。が、車内では天地に包まれることはないでしょう。天地有情の風景を眺め、自分もその一部、一員だと感じることもないでしょう。木陰の風を生きものだと、我が友だと感じることもなくなります。

私はこのような変質こそが、「近代化」の帰結だと考えます。このような変質の哀しみに目を向けることなく、むしろこの変質を推進してきたのが、近代社会の農政であり、学問であり、科学であったことを、そろそろ認識してもいいでしょう。

農という営みが、人間が天地の下で天地とともに行う働きかけだという伝統的な定義に基づくなら、一服するひとときは、そのことを自覚できるひとときであり、農の精神性を表現できる扉が開くときだ、と言えます。

技術と仕事のちがい

百姓が農の精神性に目覚めるひとつの契機は、科学や科学技術のすごさに違和感を覚えるときです。そこで「百姓仕事にあって、農業技術にないものは何か」あるいは「農業技術にあって、百姓仕事にないものは何か」という問いを立ててみます。農業技術を研究し、普及し、指導してきた「専門家」(百姓以外の農業関係者を指します)は、こういう問いかけを自らに課すことがほとんどありませんでした。なぜなら、農業技術は百姓仕事の発展したもの、あるいは百姓仕事から抽出して技術化したもの、という考えが常識になっているからです。

たとえば、「手植え」は、田植機による「機械移植」に進歩した、と言われれば、納得してしまう人が多いでしょう。しかし田植機による移植技術は、手植えという百姓仕事を参考にはしていますが、まったく別物かもしれません。そこで「手植えにあって、機械移植にないもの」という問いを立ててみましょう。答えは無数にあがってきますが、代表例を示すことにします。

①田植え歌を歌い、また聞きながら早乙女が中心になって植える習慣（早乙女、早苗、皐月、さなぶり、五月雨、桜の「サ」は稲の神だという説を、私は支持します）。
②自分の足で田の土の感触や深さを感じながら、あるいは自分の手で苗の育ちを感じながら、体全体で風や水や日差しを感じながら植える体感性。
③すでにどこからか飛んできて泳ぎ回っている蛙や源五郎や飴棒（アメンボ）、産卵中の精霊とんぼ（赤とんぼ）や、水面すれすれに飛ぶ燕に目をとめる余裕。
④腰を伸してみると、田んぼの水鏡に移っている村の風景に囲まれ、その中で働いている自分が、天地と一体になっているような感じ。
⑤余った苗がかわいそうという気持ち。
そこで逆の質問「田植機での移植技術にあって、手植えにないもの」にも答えておきましょう。
①いかに効率よく植えるかという意識。
②運転技術、機械の整備技術。
③事故をおこさないような注意。
④あまった苗がもったいないというコスト意識。
⑤稲は「できる」のではなく百姓が「つくる」という意識の誕生。

どうでしょうか。両者のどこに違いがあるかがはっきりしたと思います。

†仕事の精神性

このような百姓仕事の精神性はなぜ生じるのでしょうか。田んぼの「生きもの調査」をやると、ほとんどの百姓が「まだこんなに生きものがいたのか」と驚きます。百姓仕事が農業技術から侵食されていくにつれて、失われていった生きものへのまなざしが、生きもの調査という新しい百姓仕事によって復活してくるからです。生きもの調査をした後「太鼓打ちを三〇年ぶりに見た」と発言した百姓がいました。

三〇年前は生きものへのまなざしが百姓仕事には残っており、その後の農業技術からは失われていた、と考えることもできます。彼は先の発言の後「オレは三〇年間何を見てきたのだろうか」と真顔で私に言いました。

この百姓のまなざしの変化を、単に時代の変化だと片付けてきたのがこれまでの「農業論」でした。農本主義者は百姓の精神がどのように、何によって、どこから変化したかに着目し、それは科学によって仕事が変化した影響だと気づきます。しかも、この変化は生きものへのまなざしだけにとどまらないのです。

†仕事を外からと内からとで見比べる

そこで百姓仕事をまず外から見てみましょう。私が草刈りをしていました。それをしばらく眺めていたある学者がこう言いました。「百姓仕事は単純作業の連続ですね」と。たしかにそう見えないこともないでしょう。こういう見方が、農業の専門家の見方の特徴です。

次に同じ仕事を内から見てみましょう。草刈りをしている私は、と言えば、「ほう、まだあざみが咲いているのか。もう嫁菜が咲き始めたな」などと、草たちと言葉を交わしながら刈っていたのです。これが内からのまなざしの典型です。外からは私と草とのやりとりはわかるはずがありません。

前者は「労働時間」や「生産コスト」などという概念を発達させ、優劣の判断まで行うようになります。現在では圧倒的にこういうまなざしの方が優勢です。一方の内からのまなざしは、ほとんど表現されることはありません。もちろん学の対象となることもなく、表現を競い合ったりすることもありません。滅びていく世界かもしれません。

このことは百姓仕事のすべてに当てはめることができます。「同じ面積を、同じ時間で同じ種類の機械で耕すなら、同じ仕事だ」と外からの見方では言い切ります。現代の農政や農学の見方はほとんどこれ一辺倒です。しかし、楽しく耕しているのと、悩み事が気にかかっているのでは、仕事の中身は異なります。耕しながら目に映る風景によっても、生きものに気づくかどうかによっても、仕事の充実は異なります。でも、そんなことは農政や農学の対象ではなく、個人的な感情の世界だ、と言われます。

しかし、農政や農学が捨て去り、見向きもしないこうした世界は無意味で、無価値なものではありません。こうした精神性にこそ、百姓の人生の大半は根ざしているのです。ここになぜ注目し、表現しなければならないか、が重要です。

①それが瀕死の状態だからです。
②にもかかわらず、それを救い出す手立てを講じようとする人間が少ないからです。
③それを守ろうとする、国家や政治が不在だからです。
④それを価値づける新しい価値観や、新しい思想を生みだしたいからです。
⑤それは、決して農だけの世界ではなく、天地とつながるすべての世界についても同様です。

私が「内からのまなざし」と「外からのまなざし」を往復させるというのは、じつは新しい野の学である「百姓学」の提案なのです。

†稲の声が聞こえるか

百姓学では農学ではつかめなかった世界が見えてきます。生きものたちとの対話を百姓学の手法で解釈してみましょう。私は若い頃、何回も年寄りの百姓から「稲の声が聞こえるようになれ」と言われましたが、稲への情愛は理解できるものの「ほんとうに稲の声が聞こえるのだろうか」と感じていました。大学の農学部を出て、科学的な教育を受けてきた私には、そういう言葉は古くさく前近代的で、非科学的なものだと思えたのです。「ほんとうに聞こえるだろうか」という疑念を抱くような精神の持ち主には、もう稲の声など聞こえるはずがありません。

やがて私が三九歳で百姓になって間もない頃、田んぼの草とりが終わって、「あー、明日から草とりしなくていい」と漏らしたら、年寄りの百姓から「あんたは、自分のことばかり言いよる。昔は草とりが終わったら、稲が喜んどると思うたもんじゃが」とたしなめられました。

たしかに今では、草とりが終わった田んぼを見ると、田んぼ全体が楽しげに歌でも歌っているように感じられます。「内からのまなざし」が優位になっているからです。前近代の天地観のなかでの感性は、非科学的かもしれませんが、百姓の実感をよく表しています。しかもこの情感は、同じ天地観の下では、人間から人間にちゃんと伝わります。

こういうことがあって、私はやっと百姓の情愛に本格的に目を向け始めたのです。この頃に石牟礼道子さんの話を聞く機会がありました。要約しますと、小父（おじ）さんが亡くなった後、小母（おば）さんはひとりで蜜柑畑の手入れに通っていたのですが、とうとう体が不自由になって、蜜柑山に登れなくなりました。すると、村の人は小母さんの家によって「蜜柑山の横を通るが、何か言づけはなかかね?」と尋ねるのです。それに対して小母さんは「草によろしゅう言うてくれなぁ」と言づけをするという話でした。

小母さんはなぜ蜜柑の木ではなく、草に言づけするのか、と私は疑問を抱いたのです。草とりを技術だと位置づけると、「草は、防除の対象ではないか。害草や害虫によろしくなんて言うはずがない」と思ってしまいます。それは、草とりという技術が、経済価値をもたらす蜜柑という果物を生産することを目的に行使されると考えているからです。ところが、草とりという仕事に没頭している小母さんは、技術を行使しているのではありません。小父さんが亡くなった後、草が小母さんの相手をしてくれたのです。これが百姓仕事の「情愛の世界」です。こういう世界を、近代化した技術は追放したのです。

さて、百姓仕事はこういう「別世界」に人間を誘ってしまうものです。しかし、単なる生きものへの情愛だけでは、この世界は開きません。百姓仕事をしていなければならないのです。しかもその百姓仕事は、苦痛（苦役）であったり、他人から指示されたものであったり、時間に追われていてはなりません。また危険な機械操作を伴う仕事ではいけません。案外、外からは「単純作業」と見えるような仕事がよいのです。

相手の生きものへの働きかけをしたくなり、そしてそれが楽しみにならなくてはなりません。この場合、相手が生きものであることが大切です。草に美しい花が咲かなくても、とってもとっても生えてくるけれど、草を相手に草とりをしていると、草と同じ世界に生きている情感が自分の体とこの「別世界」に満ちてきます。その結果、仕事が楽しみになるのです。

生きものとは、動物や植物だけではありません。土も石も水も風も空もお天道様も生きものだと感じるのは、こういう時です。

さらに、この時、人間と生きものとの垣根は低くなってしまいます。ときには垣根自体も消滅します。ここでは相手との生きもの同士の「交感」が簡単にできるようになります。だからこそ、「言づけ」をしたり、「稲の声」や「草の声」が聞こえるのです。

†生きものの声が聞こえる理由

この場合、声を発しているのは生きものたちの何でしょうか。それを聞き取っているのは、人間の何なのでしょうか。感性？　それは人間にはあるでしょうが、虫たちにはあるでしょうか。能力？　虫の能力と人間の能力は異なるものでしょう。

虫にもあり、人間にもあるもので、それが交感しあうことができるのは、それぞれのタマシイ（霊性）しかありません。少なくとも私たちの先祖は、近代化される前の人間はそう考えたのです。「一木一草にタマシイが宿る」と言うわけです。

田の草とりをしながら、星草（ホックサ）の葉に目をとめます。きれいだと感じます（感性）。それと同時に、少なくなってしまったこれは残そう、と思います（情愛）。あるいは、小菜葱（コナギ）なら、ごめんよ、とらせてもらうよ、と思います（これも情愛）。さらにやがて、これらの草たちと同じ世界（別世界）に没入し、タマシイの交感とも言うべき境地に入ります。

しかし、ここで大切なことを付け加えなければなりません。百姓はこういう別世界の境地を、我に返ったときに、心地よかったなと振り返るときもありますが、すぐに忘れて、休憩に入ったり、次の仕事に移ったりします。ほとんど表現することはありません。夜寝る前に日記を付ける習慣のある百姓も、「今日は草とりした。星草は残した」と書くことはあるでしょうが、別世界の境地は書き残さないでしょう。なかなか言葉にはしにくい世界のことですし、我を忘れているぐらいですから、記憶にも残りにくいものです。ところが農本主義者は表現しようとするのです。

4　百姓の美意識

†きれいと感じる仕事

「美意識」というのは、外からの見方で、しかも近代的な概念です。にもかかわらず、農学の中には百姓の美意識を分析したものがありません。「美しい」というのはビューティフル（beautiful）の翻訳語であって、もとからの日本語の「美しい」は〝立派だ〟という意味だったようです。したがって、百姓に限らず日本人は改まった場面でないと「美しい」という言い方をしません。普段使うのは「きれい」の方です。百姓がきれいと思うものは二つあります。ひとつは仕事の出来栄えです。「きれいに耕してある」「草刈りした畦がきれいだ」というような言い方をします。

これは「丁寧に」「丹精込めて」というような評価を含んでいます。その内実は、天地自然との関係がうまくいっている、調和がとれている、という感じです。逆に「きたない」「見苦しい」というのは、仕事が粗雑で、天地自然に対して恥ずかしくなるような出来栄えを言います。これは「美」の基準が、天地自然にあるということです。百姓の体の中には無意識に、天地自然が輝いている姿がいちばん「きれいな」「美しい」尺度として、あるのです。これはこれまでも表現されてきませんでした。

しかし、農本主義者はここに注目します。これは見事に資本主義の尺度に対抗するものだからです。資本主義は農の美を敵に回しています。その美が黙っていることをいいことに、きれいな田舎やきれいな天地自然に泥を塗ることを奨励しています。したがって田んぼの中ではとっくに除草剤を導入しているのに、まだまだ畦には除草剤を散布しない百姓が多いのは、「きれいな畦」「きれいな風景」を天地自然の「教え」として、体得しているからです。これこそが、百姓の「美意識」なのです。

†花を刈るつらさ

西日本では、四月下旬から五月上旬の畦は花盛りです。黄色の花が一番目立ちますが、私が好きなのは、馬の足形（ウマノアシガタ）と大地縛り（オオジシバリ）、雄蛇苺（ヘビイチゴ）です。青い花ならあざみと烏野豌豆（カラスノエンドウ）、白い花ははこべ、蚤の衾（ノミノフスマ）がとくに「きれいだ」と思います。こうした花を名前を呼びながら刈っていく時に、もうひとつの「愛しい」に似た「きれい」という感情が湧いてきます。「かわいそう」だと思わないこともありませんが、同情して刈らないと畦の草が変化（遷移）してしまいます。

私は畦草刈りを年間六回やりますが、私の田んぼでは畦草が約二〇〇種あまり生えています。近所の休耕田で畦草刈りをしなくなって五年目の畦を調査したことがあるのですが、約五〇種あまりに減っていました。なぜ草刈りすると草の種類が増えるのかと言えば、草刈りすると背丈の高い強い草が刈られて、それまでの日陰になっていた低くて弱い草にも陽があたるようになって、生き延びることができるからです。

以前は私も畦の草の名前をあまり知らなかったので、早く刈ってしまおうという気持ちばかりでした。今ではほとんど名前を知っていますから、名前を心の中で呼びながら草と話ができるのです。花を刈るときには、ごめんよと心の中でつぶやきますが、また来年咲いてくれよ、という気持ちも伝えています。まさに百姓も花も、ともに天地有情の共同体の中で、生が溢れる世界に溺れているのです。

花を手折る習慣は、これとよく似ています。決して花を殺しているのではなく、ともに生のただ中で遊んでいるのです。

北海道を除く全国各地の田んぼの畦に彼岸花が植えられています。彼岸花は種ができないので、塊茎（球根）を株分けして植えるしかありません。したがって百姓が植えたものですが、なぜこんなに植えたのでしょうか。さすがに近年は圃場整備で少なくなってはいますが、圃場整備したところでも、塊茎をひろって植え直している百姓も少なくありません。これは無駄なことでしょうか。

これには土竜（モグラ）除けだという説もありますが、土竜は減りません。飢饉のときに食べるためだという説もあり、私も塊茎をすり下ろして、晒して食べてみましたが、味も素っ気もない澱粉でした。もちろん食べられますが、飢饉の時に食べたという記録はあまりありません。

私は「きれいだったから」植えたと確信しています。彼岸花は稲とほぼ同時期に中国からもたらされたと言われています。異国の異形の花だったのです。もちろん弥生時代には彼岸花という名前ではなかったでしょう。原産地の揚子江（長江）中流域では、花の色は赤だけでなく、いろいろなものがあるそうですが、日本で植えられたのは赤だけです。それまでは赤い花が野辺になかったからではないでしょうか。

近代人は合理的で実利的な解釈をしがちです。百姓のことだから、生活の実利につながらないものには見向きもしないだろうというのは偏見もいいところです。

昔から百姓は山野の花を採って飾ってきました。あるときは家の庭にも植えてきました。野辺の花だって、きれいなものは手折って帰るだけでなく、田んぼの畦にも植えました。

私の田んぼの入り口には先人が植えた藪萱草(ヤブカンゾウ)が植えられていて、田植えの時期には橙色のきれいな花を咲かせてくれます。私もこの花を草刈りの時は残して守っています。

万葉集に出てくる田の草を調べていたら、小菜葱が歌われていました。しかも、百姓が毛嫌いしていたこの草で、衣を染めて妻に贈る歌だったのには驚きました。


苗代の小菜葱が花を衣に摺(す)り　慣れるまにまになぜか愛(いと)しけ

妻の着物に小菜葱の花をすりつけて、青い模様をつけてやったら、妻は喜んで、その着物をずっと着ていてくれた。そのようにして、ずっと一緒に百姓してきた妻がとても愛しい。(私の現代語訳)

現代では「雑草」「害草」などと毛嫌いされている小菜葱にも情愛の目を注いでいた時

代もあったのです。そう考えると、日本中の田んぼが秋になったら彼岸花で飾られているのは、不思議でも何でもありません。それは百姓の伝統的な精神の現れなのです。

5　宗教に与えた農の影響

†天地が神になったわけ

「百姓なら豊作を祈願するでしょう」と都会に住む人から言われることがあり、また「農業にとって、祭りは大切な行事でしょう」とも言われます。ようするに、こうした精神世界は農にとって欠かせないという感覚が、百姓でなくても日本人には残っているのです。それは人間が米や野菜や果物を「製造」しているのではなく、天地のめぐみとしていただいていることが、それとなく日本人には了解されているからでしょう。

自分の力ではないもののおかげで、みのりがもたらされるのですから、「お礼・感謝」と同時にそれが安定して繰り返されることを願う「祈り・祈願」が、百姓の精神生活の中では重要ではないかと、百姓ではない人も気づいていることは重要です。

そこで、この「感謝」と「祈願」の精神を見つめてみましょう。先ほどの人に、さらに「誰に、何に祈願するのですか」と質問すると、「そんなことは決まっているでしょう、神様でしょう」と断言されました。たしかに村の「祭り」は、集団的な「感謝」と「祈願」の表現活動ですし、その場所はほとんどが村の神社で行われます。いわば神の前で、神に対して行われますから、感謝と祈願は神に向けられているように思えます。

今日ではどこの村の神社でも神主に祝詞をあげてもらうときは、天照大神（アマテラスオオミカミ）への祈願の言葉が出てきます（これは明治時代以降の新しい伝統です）。この天照大神は、太陽神ですから、百姓の感謝と祈願の相手として、ぴったりです。伊勢神宮が百姓に人気があるのは当然のことで、天照大神が皇室の祖先神だというのは、よくできた話だと感心します。

†感謝と祈願のちがい

ここで、立ち止まって考えたいことがあります。百姓の「感謝」と「祈願」は、天照大神信仰や村々の神社の創建よりもはるか前からあった、ということです。しかもこの「感謝」と「祈願」は、精神としても別のものではないでしょうか。

現在の百姓でも作物を収穫するときには、天地自然に感謝します。それはお天道さまだけでなく、水や土や風や生きものや家族や村の人たちに向けられます。さらに忘れてならないのは、この田畑を拓いてくれた先祖・先人にも向けられます。これらの背後の神々は、ちゃんと村の中にいます。ただそれを「天地のめぐみ」と言うか、「神のおかげ」と言うかは、かなり隔たりがあります。天地は目に見えますが、神は目に見えないからです。

天地ではなく、神という抽象的な存在を創造するのは、もちろん宗教的ないとなみ（宗教化）ですが、「神道」には、教義らしいものがないので、この辺の事情がよくわかりません。そこで、私見をこれから述べることにします。なぜなら、天地に対する百姓の素朴な感謝の感情から、神への祈願という行為の間には断絶があるような気がするからです。

天地（神）に豊作を「祈願する」というのは、ほんとうに昔から行われていたのでしょうか。豊作を「感謝する」気持ちは当然あったでしょう。なぜなら田畑の稔りは天地のめぐみとして天地の力でもたらされるからです。それが豊作であればなおさらのことですが、よしんば不作でも、もたらされたものはありがたくいただくしかありません。そこに災いをも引き受けざるをえない人間の自覚があります。

しかし、まだ植え付ける前に豊作を「祈願する」のは、天地（神）の領域に口出しすることではないでしょうか。「神様どうか豊作にしてください」「それは、私が決めることだ」「そう言わずに、豊作を約束してください」「なぜ、人間の気持ちに合わせなくてはならないのだ」「そこを何とか」「うるさいやつだ」ということにもなりかねません。

†祈ることの否定

もちろん百姓なら豊作であってほしいとは思いますが、それは思うだけのことです。豊作かどうかは人為の及ばぬ天地の采配であって、人間が口出しすることではありません。このことを江戸時代前期に伊勢神宮外宮の神官であった度会延佳（わたらいのぶよし）はしっかり指摘しています。彼の話を聞いた坂十仏の著した『太神宮参詣記』（伊勢神宮参詣の巡礼紀行文）から引用してみます。

当宮参宮の深き習（ならい）は、念珠（ねんじゅ）をも取らず、幣帛（へいはく）をも捧げずして、心に祈るところ無きを、内清浄と云ふ。潮をかき水をあびて、身に汚れたるところ無きを外清浄と言えり、内清浄になりぬれば、神の心と我が心と隔てなし。既に明神に同じ。しからば何を望みてか、祈請の心あるべきや。これ真実の参宮なりと、太神宮の神職より承りしほどに、渇仰の涙止め難し。（傍点は宇根）

つまり「祈る・祈願」ということが無い状態こそが、神に向き合う時の心であるべきだというのです。そこで感じるのは「ありがたい」という感謝だけでしょう。それなのに、神への「祈願」が始まったことが、神と人間を隔てることになります。

現代の神社詣では、祈願して、合格や安全や繁盛の約束（御利益）を取り付けるために行われているのが常態ですから、私がこんなことを言っても通用しないでしょうが、少なくともかつての百姓の神に対する姿勢はちがっていたのです。

†天地＝神、か

そこで、これまでいとも簡単に、天地＝神と言ってきましたが、これは妥当なことでしょうか。百姓にとって「天地」とは村を取り巻く森羅万象の一切ですが、とりわけ田畑とそこに降り注ぐ日の光、空気と風や雨、山や川や池からの水、そして何よりも田畑と土、そして草や虫や動物などの生きものたち、そして村人を含む時を超えた天地有情の共同体のことです。それを、「神」と呼ぶには、どういう飛躍があったのでしょうか。

宗教学者は、日本の神は自然への畏怖や恐怖から生まれたと、つまりそれが自然に対する崇拝に変化したときに神が生まれたと、月並みな説明しかしてくれません。しかし、自然への恐怖や畏怖なら誰でも感じますし、それに人知を越えた超越的なものを感じ、頭を垂れることは誰でもあるでしょう。でもそれに「神」と名づける必要があったのでしょうか。

私はたぶん「祀る」ときに、名前が必要になったのではないかと考えます。祀る対象であるご神体が眼の前にあるときは、祀りも簡単ですが、ないときは困ります。古い神社のご神体が山や岩や滝だったりするのは当然でしょう。雨の日のお天道様、干魃の時の雨や、春を運んでくれる風を、眼前に留めるわけにはいきません。まして、天地全体を祀ろうとすると、何か名称が必要になります。

祀るのは一人で祀ることはありません。その相手が、村のみんなに共感・共有されるときに、祀り＝祭りは成立するのです。天地はなぜ有情（生きもの）で満たされているのでしょうか。その有情にしても、なぜ毎年毎年、生を繰り返し続けているのでしょうか。そうした人知でつかめないもののすごさ、奥深さに名前を与えたくなる気持ちが、村人の共感を呼んだときに、祀り＝祭りが始まり、神（とその名前）が生まれ、共有されたのでしょう。

それによって天地が宗教化されたのです。そして、現代の私たちですら、具体的な「天地」のもろもろよりも、「神」の方がありがたいと感じるようになっているのです。

†神の死が近づく

ところがそうやってはるか昔に生まれた神に大きな危機が迫っています。序章でも触れたように、昭和四〇年代までは、多くの百姓は農作物の収穫を表現するときに「つくった」とは言いませんでした。ほとんどの百姓が「できた」「とれた」「なった」と表現したものです。それが「つくった」「つくる」と変化してきました。なぜ変化してきたのかは、簡単に説明するのは難しいのですが、とくに重要な原因を指摘しておきましょう。

「できる・とれる・なる」は、人間が主体ではなく、あくまでも天地自然のめぐみを人間は受け取るという受け身の感覚です。一方の「つくる」は、人間が主体で、自然を加工して目的とするものを生産するという近代的（科学的）な発想です。つまり昭和四〇年代にこうした転換が、百姓も意識しないうちに徐々に進行したということです。農業の本格的な近代化は昭和三〇年代に始まりましたが、当時はまだまだ前近代の天地観も色濃く残っていました。それが、近代化思想によって、こうした感覚が時代遅れの様相を呈するようになるのが、昭和四〇年代なのです。

一体何が私たちの社会に起きたのでしょうか。私は「高度経済成長」と「科学技術の発達」が主因だと感じます。いわゆる本格的な農業の資本主義化・近代化とも言うべきものです。農村と農業の変化は半端ではありませんでした。

こうして「天地のめぐみ」を受けとる感性は、「農業生産」という農業技術と農業経営によって衰弱していったのです。私も今になって気づく有様ですが、この事態を「天地＝

神」の死だと考えた人はほとんどいませんでした。そして神の死は、現在も確実に進行中なのです。

✝農の精神の大転換

もちろんそれは「人間も天地の一員である」という世界観の死でもあり、天地に感謝する心（精神）の死です。これを「神の死」だと、私は感じるのです。こうして「神」は人間の欲望達成のために祈願され、その見返りに感謝されるという顚倒した立場に追い込まれるようになりました。

つまり、「天地」を「神」と言い換えようとした先人の宗教化の試みは、大きな試練に直面しているのです。私はこのまま資本主義が続くなら、神の死は天地の死と同様に避けられないと思います。しかしその一方で「自然」の価値はいよいよ高まるでしょう。いや言い方を間違えました。人間以外を指す「自然」の価値が高まれば高まるほど、天地という世界認識は衰えていくのです。天地と言っているときには、百姓は天地の中で、天地に没入し、天地と一体になることができます。その時に天地に人為を越えたものを感じるのです。それが「神」だと言われれば、そうかもしれません。

しかし「自然」とは、人間が自然の外から眺めるものですから、一体化するものではありません。そうは言っても、まだまだ多くの百姓たちは「天地」を「自然」と言い換えているだけで、天地に包まれる感覚は失っていないと思っているでしょう。でも、天地を対象化して科学的に分析していくことは、「つくる」手段を発達させ、一方で「できる」という感覚を、つまり人間が徹底的に受け身になって（内清浄になって）、神に近づく気持ちを衰えさせてきたことを軽視してはなりません。

「感謝」抜きの「祈願」があたりまえになろうとしています。とくに神に人間の個人的な欲望の達成を祈願するというのは、先の度会延佳も驚愕させずにはおられないでしょう。はたして天地＝神は、現世利益を求めて手を合わせる人間を相手にしてくれているのでしょうか。

神＝天地とは、そういう欲望達成の相手ではなかったのに、残念ながら「神社」（神道）はそれに歯止めをかけようとするどころか、むしろ歓迎しているような態度をとっていると言っては言いすぎでしょうか。神道は農の護教であることを放棄してしまうのでしょうか。残念なことです。

それではどうしたらいいのでしょうか。私の提案のひとつは、天地のひとつひとつの生きものの生に、生を感じなおし、タマシイを感じる習慣をもういちど抱きしめることです。百姓仕事に生産性を求める思想や、生きものへのまなざしを馬鹿にする思想を拒否することです。

もうひとつは、天地の中に満ちているタマシイを「神」と名づける前の状態に、戻ってみてはどうでしょうか。天地は見えるけど、神は見えない、という原初の宗教化の初心に戻ってみたいのです。

百姓していると、感じてはいても、見えないものに呼びかけたい、祈りたいと思う時があるものです。それに何と呼びかけたらいいでしょうか。私たちは一旦、神という言葉を覚えてしまったので、他の言葉は思いつかない精神状態になっています。たぶん、そーっと、「カミ」とつぶやくでしょう。「カミ」ではない言葉が自分の中に生まれてくるなら、それはあなたが二宮尊徳のように何かを読みとっているからでしょう。その何かを表現できるなら、また神は名前を変えて再生するでしょう。

「農とは何か」と考えながら、とうとうここまで来てしまいました。

第5章

百姓の描く未来像

――反近代の視点

1　未来を構想する

†未来構想

農本主義は昔も今も、反体制思想になってしまいます。それは、二〇〇〇年以上も続いてきた「農」の本質（原理）と、近代国家が採用した「近代化・資本主義化」は相容れないからです。したがって国民国家が近代化と資本主義化を手放さない限り、農本主義者の反体制の試みは続きます。資本主義が続く限り、農本主義が社会の主流になることはないでしょう。農本主義者はいつも農本主義が社会に受け入れられることを夢みて来ましたが、それはロマンで終わりました。

現代では農本主義のような「未来構想」ではなく「未来予測」ばかりが横行しています。自分たちでどういう未来を目指していくのかという「構想」は胡散臭く見られ、客観的なデータにもとづく「予測」なら誰もが耳を傾けます。

しかし「予測」とは、外からのまなざしの典型です。たとえば、「一〇〇年後の日本の人口は今の三分の一になっています」「石油と天然ガスの採掘寿命は約五〇年、ウランが七〇年、石炭が一〇〇年です」「近代化技術に依存した農業生産は永続せず、食料危機に見舞われるでしょう」という具合です。

一方百姓にとっては、一〇〇年後も田畑は荒れずに耕されているだろうか、村の神社の祭りは続いているだろうか、蛙は鳴き、赤とんぼは飛び交い、蛍は光っているだろうか、あの山端の夕焼けはきれいなままだろうか、みんなで植えた裏山の山桜の下で花見をしているだろうか、と在所の未来を思いわずらいます。これが内からのまなざしです。外からのまなざしでは、在所の風景や人間の心、天地有情の共同体の変化は予測できません。

ただ、外からの「未来予測」で農本主義を勇気づけたのは「やがて資本主義は終わる」というものです。そうであればどう終わらせるか、終わった後をどう生きていくのかを、みんなで描く「未来構想」が必要です。大混乱の内に資本主義が終わって強権的な政権が誕生するよりも、終わる前からしっかり準備をして、次の社会の扉を開いていくことが農本主義者の願いです。それには内からのまなざしを総動員して「構想」しなければなりません。

†かつての国家構想

そこで昭和初期の農本主義者・橘孝三郎の「国家構想」を参考に見てみましょう。彼は、在所ではゆっくりした社会改革を目指し、着実に夢を現実のものにしていたのですが、とうとう五・一五事件という革命に走らざるを得なかったことは前に述べました。以下は革命後つまり資本主義が終わった後の「社会構想」です。

（革命後は）国民を上から下へと重圧する政治的支配を一掃して、国民が協同自治するのである。国家と国民は支配と被支配の関係ではなくなる。中央集権制は根本的に改められて地方分権的なものとし、国民的共同自治主義の実があがるように連盟させるのが国家の役割である。（『日本愛國革新本義』）

農本主義者の「未来構想」は、あくまでも在所の自治から出発するのが特徴です。これはこれからも通用します。国家は在所の自治の「連盟（連合）」になります。橘はその在所の農地（土地）についても独特の考え方を持っていました。あくまでも日本国民の半分が百姓だった時代のことです。

（革命後の）社会においては、土地（耕地）は国民的管理が必要である。これに対する対策はいくらでもある。第一に家産法（農地や家屋敷などの家産の売買を禁止する法律）を設定して、農家の生活と生産を安定させること、第二に大地主をなくすこと、第三に国有土地を解放して内地植民で新たに村落を建設すること、この三者が併行すれば、合理的に土地を国民の手に収めることができる。（『日本愛國革新本義』）

橘は農地の「国有化」と「大地主所有」には断固として反対していました。村の共同体の所有とすべきだと言うのです。それは村に自治があり、また在所の土地の守り手は在所の百姓であるという現実を踏まえれば、当然のことです。江戸時代でも、耕作しているときは私的占有を認めていても、離農して去っていく百姓の農地は、村に返却させる掟があったことは前に紹介しました。これは農地は天地の一部であり、私物化してはならないという百姓の価値観に根ざしています。将来、農地を「村有」に戻すなら、現在深刻化している土地利用問題のほとんどは解決します。

（都市の）消費経済と、農民の生産経済との関係は、市場を利用しながらも、協同組合の形式による経済自治制で運営していくことが最適である。

個人の経済生活は営利的経済に溺れていたのを救って、厚生経済生活に入るために必要な手段を尽くさねばならない。(『日本愛國革新本義』)

懸命に「市場経済」を越えていく道を構想しています。この「厚生経済生活」とは、資本主義的な弱肉強食の経済ではなく、みんなが助け合い、人間らしく生き、社会もまたそれを保証する生活のことです。このようにほとんどの農本主義者は、よりよい未来を夢みて一肌脱いで生きたのです。これはたしかにロマンであり、ユートピアでした。現代ではロマンもユートピアも死語になってしまいましたが、「予測」でなく「構想」をたてるなら、その人の内なるロマンを理想に向けて紡ぎ出すしかないでしょう。

†これからの社会構想とは

橘は軍部独裁には断固として反対していました。独裁は中央集権になるからです。農本主義者は在所主権を主張するので、「未来構想」も在所の構想を国家の構想よりも優先させます。橘が言うように、在所を「連盟(連合)させて」それぞれの構想の集合が、日本国家の構想になればいいのです。

現代では、資本主義が終わった後の在所の姿を思い浮かべることはさほど難しいことではありません。内からのまなざしにもとづく次のような百姓の「経験則」に基づけばいいからです。

「近代化（資本主義化）されなかったものにこそ、時代を超えた価値があるので、未来に残る」

長い年月をかけてつくりあげてきたものは、容易に近代化（資本主義化）されませんでした。天地有情の共同体こそが、その代表です。たしかにずいぶんと資本主義化で傷つきはしましたが、本質はまだまだ生きています。

まず、天地自然のめぐみを受けとめるための田畑、山林、川と水路、ため池はちゃんと残します。そうしないと生きものたちも生きることができません。次に、その天地自然に働きかける人間の共同体の母体は、家族であり、在所の村の共同体であることを再認識します。もう一度村に帰る、あるいは移住することができるようにするのです。そして天地自然の法（のり）をつかんで、天地自然に抱かれる百姓仕事と百姓ぐらしの知恵が未来に残すべきものです。一方、これと逆の経験則もできてきました。

「近代化されたものは、未来に残らない」

寿命が短い「近代化資産」がいい例でしょう。たとえば、化石エネルギーに依存した農業技術は未来に残らないでしょうし、大規模区画の水田はまた小さく再分割されるでしょう(当然ながら、大規模に合併させられた市町村は、元に戻すよりもさらに小さく分けた方がいいでしょう)。

この結果を総合して想い描くなら、おそらく資本主義が本格的に村の中に入ってくる前の状態に似たものになります。そんなに過去のことではありません。一九五〇年代の百姓の仕事とくらしをモデルにすればいいのです。まだ分業よりも自給が濃厚に残っていた時代です。天地自然も静かに深く輝いていた時代です。

まだ私たち世代から上の世代には、それは思い出としてちゃんと残っています。「田んぼに、生きものがいっぱいいいた時代はいつですか」と尋ねれば、戦後生まれの人は異口同音に、「昭和三〇年代」と答えるのがいい証拠です。その一つ一つを具体的に語るよりも、そこに流れていた前近代の価値観や世界観を、どのように未来に役立てるかを考えるのが農本主義の使命です。

2 反近代の思想根拠

†「生」に効率を求めない

「社会構想」というと、どうも社会の外形や構造に焦点が当たって、内実が薄れがちです。そこで、内からのまなざしによって、未来社会の価値観を考えてみましょう。

近代を超えていくための思想を農本主義はずっと探してきました。農に限らず近代化が一番残酷だったのは、人間や人間以外の生きものの「生」に「効率」を求めたことです。この「効率」とそれまでの仕事がはかどると言うときの「はかどる」とは、まったく異なります。現代の「効率」は経済効率のことですが、「はかどる」は天地自然との関係が順調に進んだことを意味していました。決して、相手の生きもの（有情）にまで効率を求めることはありませんでした。

効率重視の考え方は、資本主義の経済的な富と引き替えに、百姓に農の精神の大転換をせまったのでした。同じものを生産するなら短い労働時間で生産する方がいいし、同じ労働時間なら多く生産する方がいい、という考え方は革新的なものでした。なぜなら、天地自然から、同じ仕事で同じものを引きだすくらしを続けてきて、それで不都合はなかった時代がずーっと続いてきたからです。

それまで三時間かかっていた仕事を二時間でできるようになったとします。短縮した一時間はほんとうに無駄だったのでしょうか。仕事の中の大事なものも一緒に短縮（廃棄）したかもしれない、と考えるべきです。次に短縮した一時間を何に使うかが問われます。生産拡大に使うなら、資本主義の思うままです。ところが休息や、遊びや、学びに使うなら、「はかどる」時代に戻ることができます。

資本主義は西洋由来の「労働苦役」説を準備していました。労働は別の楽しみを手に入れるための手段に過ぎない、と言うものです。ところが松田喜一のように、働くのが楽しみだという百姓たちには、この論理はさっぱり通用しません。

次に用意されたのが、新しい欲望を開発することです。その典型は、一九六〇年代に見られ、テレビ・洗濯機・冷蔵庫・自家用車を手に入れることが、幸せなくらしだと宣伝されました。これまでと同じ労働と生産では、手に入らないので、所得を増やすために、労働生産性を高めましょうね、という説得が受け入れられてきたのです。

農の世界でも、効率追求は、農業技術（農業機械や農薬・化学肥料など）とセットで推進されます。もちろんこの場合の農業技術は、効率を上げるために開発されたものですし、外部からカネで買わなければならないので、否が応でも欲望をかき立てました。

一九六〇年代以降の高度経済成長はこうして農村にも浸透し、農の中にも見事に効率・生産性という近代化思想が侵入したのです。

効率が重視されるようになると、「無駄な時間」を見つけようという気になります。「一日に三回も田んぼに稲を見に行くのは非効率で、二回分は無駄な時間だ」と言うわけです。それでも「一日に三回も田んぼに通う」聞き分けの悪い百姓は、時代遅れと馬鹿にされるか、「しょせん道楽百姓」などと揶揄されるようになりました。かつては百姓の鑑として尊敬されていたのにです。

自給用の菜園は、「趣味的農業」になり、とうとう効率など眼中にない百姓を「自給的農業」という、本来の（資本主義的な）農業ではないというニュアンスの行政用語で呼ぶありさまです。

†効率を拒んだ生きもの

ところが、断固として効率を拒否したのが、生きものたちです。人間の仕事が効率化し、生きものにまで効率を求める人間たちにあきれ果てたのかもしれません。生きものたちは、泳ぐスピードを速くしたり、羽化するまでの期間を短くしたり、食べる餌の量を倍増させることを拒んでいます。つまり、近代化、資本主義化、経済化、効率化を拒絶しているのです。

「だから、多くの生きものが絶滅に瀕するようになったんだ」というのは正しい指摘です。

しかし、それならば、何か手を打つべきではないでしょうか。人間の生にまで生産性を求めたことへの反省がないから生きものの生が傷つくことに鈍感になってしまったのです。生きものの生は、天地自然の法にそって息づいています。暖かい時には生も少しは早くなりますが、季節を越えることはありません。まためぐって来る四季のために一つ一つの生が準備され、消えていくのです。このめぐり来るリズムを変えようとすると、天地自然の法は「自然の制約」に急変します。克服すべき対象となるのです。こうなると生きものの生に効率を求めることが正当化され、不自然でなくなります。

東京都心の地下室の人工環境下で稲が栽培されているのを見学したことがあります。稲以外の生きものは水中の藻類を除いては、いませんでした。壁には田んぼの風景写真が貼られていましたが、寂しいものでした。私はこれは稲への虐待ではないかと感じました。

また近年では、油虫（アブラムシ）を食べてくれる天道虫（テントウムシ）が逃げていかないように「翅のない天道虫」の育種研究が注目されています。しかし、これは生きものに露骨なまでに「効率」を求めるもので、越えてはならない一線を越えようとしています。天地自然のめぐみをありのままに引き受ける精神と、生きものへの情愛こそが農を支えていることを一顧だにしていません。まして、翅のない天道虫の気持ちになるなら、言葉を失います。

そろそろ人間のためだけの生きもの・食べものを求める近代化路線には決別すべきでし

ょう。現代の百姓だって、田畑の生きものたちを、つい、しばらくみつめることがあります。一服するときには、ことのほか在所の風景に目をとめて、大きく息を吸い込みます。これらの生きものや山河は、時を超え、生死を超えて、現在に伝わって来たものです。現代人がこさえたものではありません。

百姓でなくても、多くの人が生きものを見るときに「懐かしい」と漏らします。もちろん幼い頃の思い出の中にあった生きものたちが現れている、ということもありますが、時空を超えて、何かが蘇っているのだと思います。その何かとは、人生の失われた部分なのかもしれません。

†時間を取り戻す

田んぼを起こすときに、耕耘機に引っ張られるようにして歩きます。この時にはゆっくり時間が流れます。起こした跡を走り回る子守グモがよく目につきます。これから耕す側の烏野豌豆（カラスノエンドウ）には七星天道虫（ナナホシテントウ）がとまっています。もう蓮華（レンゲ）には黒い莢が稔っています。ところが、耕耘機を押すようにして歩くときがあります。時間に追われているときです。雲行きがあやしくなって、早く耕してしまわなければと思う時などです。別に押したからといって、耕耘機が早く動くわけでもありませんが、気持ちが急いているのです。こういう時は生きものなどは見えなくなっています。同じ時間なのに、気持ちの上で時間がまどろこしく流れるような気がします。

私は「一速」で耕しているので、急ぐなら「二速」にすればいいのに、そうはしません。この気持ちを合理的に説明すれば、スピードを上げると耕す深さがわずかに浅くなるからです。しかしそういう科学的な理屈ではなく、田んぼに対して失礼な、申し訳ないような気がするのです。人間の都合で、勝手に耕し方を変更するのは、「天地の法」に反しているように思えます。

†仕事を取り戻す

「無人トラクター」の実用化が迫っています。「へぇー、農業は人間がいなくてもできるんだ」と歓迎している人もいます。担い手不足は解決できそうですし、農業の生産効率も格段にあがると期待されているから、研究予算もついているのでしょう。

私のような現代の農本主義者が、無人トラクターに嫌悪感を抱くのは、百姓仕事の一番大切なもの、仕事に没入し自然と一体になる喜びを捨ててしまうからです。百姓仕事を肉体労働、単純作業、言わば「苦役」としか見ない精神が、見事に貫かれているからです。

翅のない天道虫の育種や無人トラクターなどを歓迎する精神と、TPP推進などの農業の「成長戦略」は同根のものです。仕事の中身よりも、そこから得られる経済価値で、仕事を評価するのです。いつの間にか百姓の世界ではよく交わされていた「カネには換えられない世界がある」という会話は、口にするのもはばかられる時代になりました。

仕事を機械や技術に置き換えるのは慎重にすべきです。除草剤を使うのは、草とりという仕事を除草剤散布という仕事に置き換えたと見るのは表面的な見方です。草とりはきついかもしれないが、草の生に触れる豊穣な仕事を、草と対話もできない作業に変質させてしまいます。これは仕事を百姓の喜びとする農本主義者から見るなら、堕落です。これに比べたら、除草剤の安全性などの議論は枝葉末節だと言えるでしょう。

†「食べもの」を取り戻す

この本ではこれまで、「食料」について語りませんでした。「食料」と言った途端に、国家の視線になるだけでなく、「食料」を人間だけの価値だと見てしまうからです。次の頁の絵を見てください。稲は人間のために育っているという見方がいかに一面的かがわかります。このイラストは下敷きの絵の凡例です（二〇〇三年に農と自然の研究所から発売され、販売枚数は二〇万枚を突破しています）。

ごはん一杯は稲三株分です。その三株（茶碗一杯）の回りに生きものが何匹いるかを絵

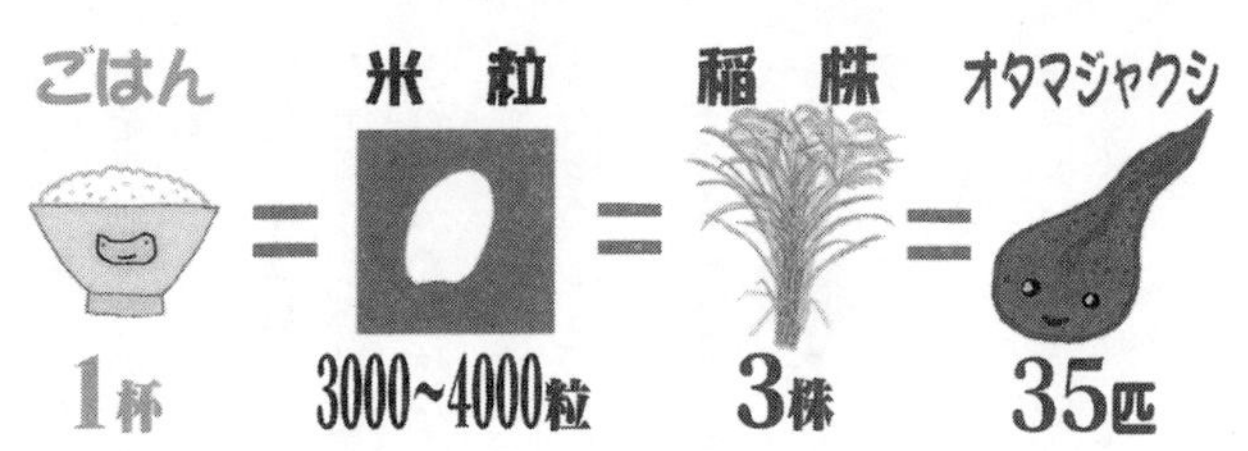

図2　人間とごはんと生きものの関係

にしています。お玉杓子ならごはん一杯に三五匹になります。微塵子(ミジンコ)なら五〇九三匹、豊年エビなら一一匹、という具合です。また少ない生きものは、ごはん何杯分ができる広さに一匹いますよ、と表現しています。赤とんぼならごはん三杯、沼蛙なら六杯、目高なら八三杯、源五郎なら一三杯です。

私はこの下敷きを地元の小学生に配って話をします。まず「何のためにごはんを食べてるの」と尋ねます。「元気で生きていくため」という返事が返ってきます。そこで「でもね、たまにはお玉杓子を育てるために、食べようと思ってごらん」と言うと、即座に「無理、無理」と笑われます。「それなら、田んぼにはお玉杓子が何匹ぐらいいた?」と質問します。すると「一株一〇匹ぐらい」と即答します。学校で田植えをして、生きもの調査もやっているからです。「一株」という言葉も実感できています。

私はうなずきながら問いかけます。「ごはん一杯は、稲三株分の米なんだ。もし君たちがごはん一杯を食べなかったら、稲三株分の田んぼがいらなくなるだろう。するとそこで生きていた三五匹のお玉杓子は生きる場所を失って死ぬよね。君たちはお玉杓子三五匹を殺したことになるんだ」

子どもたちは一斉に「それ、言い過ぎだと思う」と声を荒げます。私は笑いながら「でもね、君たちがごはんを一杯食べるから、稲三株が必要になって、私たち百姓はせっせと手入れに励み、稲の回りではお玉杓子三五匹がすくすくと育っていくんだ。君たちとお玉杓子は、ごはんを通してつながっている生きもの同士なんだ」と言います。

しかし子どもたちは怪訝な顔で「そう言われると悪い気はしないけど、ぜんぜん実感が湧かない」と反応します。これは子どもに限ったことではなく、いつの間にか私たち大人もまた、「田んぼは米を生産する場所だ」と思っています。ごはんを食べながら、この米はどこでとれた米だろうか、どういう田んぼで育ったのだろうか。赤とんぼや蛙や源五郎に囲まれていたんだろうか、などと想像することが少なくなってしまいました。

米（稲）も生きものです。ところが「食料」と言ってしまうと、天地自然のことは忘れ去られ、人間のためにあるものだと思えてしまうのです。

†食べものと天地自然をつなぐ

農を産業化して農業にするためには、食べものを食料にして、天地自然から引きはがさなくてはなりませんでした。市場経済に乗せて、自由に流通させるためです。そして食料もカネで購う習慣が定着したのです。その結果、日本人の多くが「カネがないと食べていけない」と考えるようになりました。

もう誰も問題にしないのが、農家の食料自給率です。自家用の農産物をカネに換算して計算すると、現在では全国平均で一〇%強です。もちろん百姓も魚や酒や牛乳など、買わなければ手に入らないものもありますから、昭和三〇年でも七〇%ぐらいでした。これが分業化・資本主義化によって下がっていったのです。自給していた食べものも「カネで買った方が安い」社会になったからです。「食べもの」であっても、分業化・資本主義化に抵抗・対抗できなかったという事態はとても深刻です。食べものだけは資本主義化に対抗できる特別なものだという思いがあるから、輸入自由化に反対する人が少なくないのですから。

資本主義の進展に反対できないとしても、市場のグローバル化だけには反対しておこうという人たちの最後の砦に「食べもの」がなってほしい、と私も思います。なぜ食べものだけはグローバル化した市場に任せてはならないのでしょうか。「食べもの」は天地自然のめぐみだからです。食べものは天地自然と人間のつながり（契約）を証明してくれ、保証してくれ、思い浮かべさせてくれるものだからです。

食べものの「自給」とは、イザという時のための備えではなく、食べものと天地自然をもう一度、強固につなぎなおすものです。百姓の食卓の自給はもちろんのことですが、それが百姓以外の食卓でもそういう感覚が失われていないことを、見落としてはなりません。ここにこそ、農がみんなのものである鍵が隠されているのです。農本主義の原理である、「農は社会の母体である」つまり「農は天地に浮かぶ、みんなが乗っている大きな舟なんだ」という核心があるからです。

†土は生きものにして、生きものの母

私ももう二五年間、無農薬・無化学肥料で稲や野菜や果樹を育てていますが、年々害虫や病気が出なくなってきました。外からのまなざしでは「生態系が豊かに安定してきた」ということでしょうが、具体的に説明しろといわれると困ります。生態系（天地自然）はあまりに複雑で奥深く、私が調査観察している世界はそのごく一部にすぎません。私以外の百姓も同じ思いでしょう。そこで「土ができてきたから」と言ってしまいます。

これは科学的な説明にはなっていないのですが、何となくわかるような気になるのが不思議です。これは「土」を天地自然の名代として位置づけているのです。いくらなんでも百姓が天地自然を改造することはできません。しかし、その一部である土なら、深く耕し、

堆肥を入れて、次第に豊かにすることができるのです。

橘孝三郎はしきりに「土に帰る」ことを強調しました。彼にとって「土」は、天地自然のふところであり、自分の手が届くところにあるものでした。それはとてもあたたかいもので、土を耕すのは、その天地自然に入っていくことでした。

これからの農は、土を「土壌」にしてしまった近代から、土を取り戻す未来に向かうのがよいでしょう。

†内からのまなざしを取り戻す

百姓には百姓だけの独特の見方があります。それは天地有情の共同体から立ちこめてくるものです。この独特の世界感覚を広めるためには、表現方法を開発する必要があったのです。

この本でたびたび使った「内からのまなざし」こそが、私が提唱している「百姓学」の核心となる方法です。これまでの農業の見方は、あまりに外からのまなざしばかりでした。決して外からのまなざしを否定はしませんが、内からのまなざしと交差するところでしか、ほんとうの世界は見えて来ないというのが「百姓学」の核心です。それを「未来構想」について見てみましょう。

外からのまなざしでは、人間のくらしを要素に分解して分析します。たとえば「化石エネルギーが枯渇するので、薪などのバイオマスエネルギーに変わっていくでしょう」と予想します。しかし「薪」は内からのまなざしで見ると、単なるエネルギーではありません。それは祖父母が山という天地に植えてくれた苗木だったもので、祖父母の気持ちが染みこんでいます。それを手入れしてながめた父母の思い出もこもっています。それを伐採したり枝打ちしたりして、薪にしているのです。それを風呂にくべながら、炎の明かりの中で、今日の仕事を振り返っているのです。

私は田んぼの横を流れる川に、水力発電の水車を設置することに躊躇しています。単なる電力というエネルギー源の調達では、川や水とのつきあいが戻って来ないことを心配しているからです。これが五〇年前まであった米つきの水車なら、くらしの中から生まれたものなので、水車に通うこと自体がくらしになっていました。

毎日川の水量を確かめ、ゴミを取り除き、水車の音で調子をはかり、電力でしか使えない物に限って供給するシステムならいいでしょう。こうなれば、水源の山の手入れも眼中に入りますし、川をもう一度豊かにしようとするでしょう。将来のエネルギーは、今の電力と同じような作り方や使い方ではいけません。

†天地自然を手本に

日本人が天地自然を手本としたがるのは、天地自然はいつも自然のままに存在すると感じているからです。一方の人間は悩みの塊だとも言っていいでしょう。百姓していても、悩みはつきません。いつも何かにとらわれて生きています。ところが生きものたちは何の悩みもなく、生きものらしく生きているように見えます。「いいなあ、君たちは」と声をかけたくなります。

そんなときに田畑に出かけて仕事をすると、ほっと救われるような気持ちになります。さらに百姓仕事に入ると、ほんとうにすごい別世界が待ち受けています。こんなことを考えている自分自身をも忘却していくのですから。

私もなかなかうまく表現できませんが、ほとんどの百姓もこういう心境を表現することはありません。むしろ宗教はこうした百姓の世界をモデルにして、人間が天地自然に惹かれるのは、それが「自然」のままで、人間の本来の姿であって、本来の生き方の手本となる、と説明してみせました。

ところが、人間はいつのまにか天地から独立して天地と向き合うようになりました。このことは不幸なことだと、現代人はうすうすわかっています。だからこそ天地の一員に戻るひとときは、至福のひとときと映るのです。それは百姓仕事がもたらす世界だったのです。

3　これからの「豊かさ」や「貧しさ」のとらえ方

†幸せの求め方

現代社会では「幸せ」は個人的なものになろうとしています。「みんなのためになることをしたい」という人も少なくはありませんが、それが「結果的に自分の生きがいになるから」という理由もあるようです。農本主義者の考え方も似ているところがありますが、違いも明らかです。宮沢賢治は『農民芸術概論綱要』（昭和元年）のなかで、こう論じています。

世界がぜんたい幸福にならないうちは個人の幸福はあり得ない
われらは世界のまことの幸福を索(たず)ねよう　求道すでに道である

個人の幸せを捨てて、五・一五事件に走ってしまった農本主義者・橘孝三郎は、みんなの幸せを懸命に探し求めていた求道者でもあったのです。『橘孝三郎獄中通信』（建設社、昭和九年）の前書きです。

現在の私の心境は農村社会の繁栄を切に切に希つております。妻子や、兄弟や、塾生達への愛恋の情にも、時に堪えがたき苦痛を感じはしますが、これもこの国を愛し、道を求むるものにとって、負わねばならなかった約束であると考えております。

個人の幸せと社会の幸せを天秤にかけなければならない時代は、あまりいい時代ではないでしょう。その社会というものが在所の世界ならいいのですが、国民国家全体を指すならば、凡人は途方に暮れるしかありません。でも農本主義者はすでに在所だけでなく、国民国家全体への辛いまなざしを獲得してしまった人間たちだったのです。

橘は産業組合（協同組合）を設立し、塾を開き、百姓仕事にも没頭しました。しかし、それだけではどうにもならないことに気づいたときに、個人の幸せが在所から切り離されていったのです。

現代の農本主義者は、在所から出ようとは思いません。在所で資本主義に対抗し、国家に対峙していくのです。それは自分の幸せのためだけではありません。

幸せとは何か

物を手に入れたいという欲望は生来のものではなく、進歩発展によってつくられたものでしょう。その証拠に、世の中が変わらないなら、十年一日のごとく変わらない暮らしであっても、何の不都合はありません。むしろ現代社会においては、物欲がないことが幸せなのではないでしょうか。物やカネが満ち足りているよりも、新しい物を求めない、変わらない暮らしの方が安堵するからです。

その最たるものが、天地自然に包まれて生きることとです。天地自然のもとで、家族といっしょに変わらない仕事をして、変わらない暮らしをしていくことです。外から見ると、みすぼらしく、遅れた、きつそうな、平凡な仕事であっても、内から見るとちがいます。天地自然の息吹を受けとめて、家族みんなで助け合って、きれいな在所の風景の中で、汗を流すことは幸せな人生です。

もし、天地自然が有情（生きもの）で満たされていなかったとしたら、と想像すると背筋が寒くなります。百姓仕事の仲間は、家族だけではなく、天地自然の生きものたちもいっしょに働いているからです。それは有機物を食べてくれるみみずや跳び虫のように役立っている生きものだけでなく、田畑で生きている多くの「ただの虫」たちもです。こうした幸福感を失ってはなりません。

経済を中心としない生き方

村の中に分業が浸透したのは、農を資本主義に乗せるための戦略でした。分業を拒否して自給することは、資本主義から片足出して生きていくことになります。これはささやかなことから始めればよいでしょう。買っていたものを自給する、他人に頼んでいたものを自分ですることは、そんなに難しいことではありません。百姓なら容易なことばかりです。ただそのために時間がかかります。技と知恵を取り戻したり、磨いたり、習ったりしなくてはなりません。私も茶を自給し始めました。製茶の技を近所の百姓から習いましたが、まだまだうまくできません。しかし、自分で摘んで、揉んだお茶はそれなりにおいしいものです。毎年技に磨きをかけることも楽しみです。それに何よりもお茶の木に情愛を注ぐようになります。

自給のためにつぎ込んだ労働時間を労賃に換算すると、買った方が安いでしょう。しかし自給とは「労賃」という資本主義的な観念を無視して脱却するところに意義があるものです。分業が入り込むと「買った方が、頼んだ方が安い」という言い分が通用するようになり、いつのまにか「労賃」「コスト」という資本主義の尺度が入り込もうとするのです。「買った方が安いかもしれないが、自分で育てる喜びは捨てがたいよね、自分でこしらえる技は継承したいよね、自分で仕事するのは、生きものの気持ちがわかるよね」などと本来の暮らしを取り戻していきたいものです。

自給の本質は外側から見れば、資本主義から足を洗うことであり、内から見れば天地有情の共同体に戻って行くことです。自給の世界は、天地自然に抱かれる機会を増やすことです。なぜなら、資本主義化される前は、ほとんどの営みは人間と天地自然との直接のつながりで成り立っていたからです。村の鍛冶屋で鍬をこしらえてもらいながら、鉄が火と鎚で形をなしてくる様子と技を目の当たりにすることは、いわば自給の範囲でした。また町の人が、市民農園で野菜の種を播けば、天地のめぐみが身をもって感じられます。東京の「銀座ミツバチプロジェクト」では、都心のビルの屋上で蜜蜂を飼っています。街路樹や公園などにも生きものを養う花が咲いていると、都会人が気づいたことに、田舎に住んでいる私も感動します。

自給を取り戻す場合に、一番取り組みやすいのは食べものの自給です。町の住人であっても、知り合いの百姓から食べものを購入するのは、自給だと言っていいでしょう。この点では百姓はどんなに恵まれているか、あたりまえすぎて自覚がないのが残念です。

†農本主義の尺度

現代社会では資本主義的な尺度によって、生産や消費が管理され、誘導されてしまっています。これに対抗し、本来の農を取り戻していくために、非（反）資本主義的な評価の尺度が必要です。それを「農本主義的尺度」と名づけてみましょう。

まず、農本主義の尺度を、資本主義から解釈してみましょう。

上の【　】が農本主義による解釈で、下の（　）が資本主義の解釈です。

「所得」とは【農の評価の一例】に過ぎなかったのに、（農業価値のほとんど）になっています。

「GDP」とは【別世界の富】だったのに（国益のすべて）になっています。

「農業生産」とは【有用性で見た天地のめぐみ】だったのに（市場での評価）になっています。

「労働時間」とは【時間を忘れる方がいい】ものだったのに（短い方がいい）になりました。

「生産性」とは【人間本位で危険なもの】なのに（いい労働の尺度）になりました。

「効率を追求する」ことは【異常な感覚の生き方】だったのに（資本主義の発達の基礎）になりました。

「投資」する気持ちがあれば【それならみんなに配ろう】と考えたのに（富を増やす方法）として横行しています。

「利潤」があれば【天地自然に返す】のが筋なのに（自分の努力への報酬）として手にします。

「生産コスト」は【天地自然へのお礼】だったのに（少ない方がいい）と考えてしまいます。

「収量」とは【天地自然からのめぐみの量】だったのに（農業技術の成果）になりました。

次の頁に私が提案している「農本主義的尺度」を表にしてみました（表4）。

†競争しない

百姓の中には、いい価値のものを生産すれば、資本主義社会でも生き延びることができ

農本主義的尺度	農本主義の解釈	資本主義の解釈
天地有情の共同体の豊かさ	人生の母体	時代遅れの価値観
天地自然に包まれる	農の喜びの本体	趣味的な世界
天地自然のめぐみ	いただいたらお礼をする	技術の成果
自給する	天地自然に任せる生き方	カネがないときの手段
余暇・趣味・道楽	仕事の別名	労働を補完するもの
仕事がはかどる	天地自然との関係が良好	生産性が高い
助け合う	天地自然の要請	困ったときの手段
村	天地有情の共同体	解体すべきもの
風景	天地自然に働きかけた応え	無償で観るもの
生きもの	同じ天地自然の一員	利用する対象
過去	現在を準備してくれたもの	古くさい世界
未来	過去を申し送る世界	自分は死んで存在しない
環境保全	天地自然への感謝の気持ち	余裕があればやるもの
家族	天地有情の共同体の根拠地	労働の出撃地
情愛	生きものの生への共感	無駄なもの
思想	脱近代化の後ろ盾	市場に奉仕するもの
消費者	天地有情の共同体の一員	市場を利用する人間
仕事	天地自然に働きかけること	労働になる前の形態
経済	考えなくて済む方がいい	何よりも優先させる

表４　農本主義と資本主義の解釈の違い

る、と本気で言う人がいます。どこにもない品種だから、どこにもない栽培法だから、どこにもない品質だから、どこに行っても売れる、と言うのです。この論理は一見正しいように思えます。しかし、なぜ競争しないといけないのでしょうか。これは産地間競争を推奨し、優勝劣敗を認める言い分です。在所（パトリ）の自給を否定する論理に加担してしまいます。この論理を外国に広げるなら、輸入を拒む論拠はなくなります。

競争は資本主義的な尺度があるからできるのです。品質や価格を、他産地や他国を追い落とすための尺度（道具）にしてはなりません。もちろん当の本人はそんなつもりはないのでしょうが、品質や価格などの基準は、外からもたらされるものです。生産する場と消費する場が出会うところで合意されたものではありません。自給から離れると、こうした誘惑にはまるのです。

そういう意味では農産物の品質表示も危ない橋を渡っています。米なら食べればわかるのに「食味値」を点数で表示しています。外からの尺度に頼るようになると、大切な「原理」を見失うことがわかっていないのです。

†貧しさを突き放す

資本主義が発達すればするほど、貧しさが怖くなります。貧しいかどうかが、ただ所得の額だけで判断されるようになると、所得が低いことが惨めになるのです。日本では生活保護を受けられるのに、受けない人の方が多いことが問題になっているのも、その現れでしょう。

百姓していると、貧しさが怖くなくなります。もちろん農業経営ではことさらに所得の多少を問題にしますが、豊かさや貧しさは、所得の問題ではありません。在所では所得が低いからといって、馬鹿にされることはありません。経済は、人間関係や天地自然との関係では尺度になりはしないのです。

そこで「貧しさ」の内実を考えてみましょう。昔はあえて「貧しさ」を選択するという人生もありましたし、馬鹿にされることもありませんでした。その典型は出家者です。所有欲を捨てるのですから、貧しいくらしは当然でした。それは在家の人間にも、手本となりました。現代人は貧しさから解放されるためには、カネを求めます。仏教はそれを煩悩だと諭すのです。

農本主義者・松田喜一は、百姓の生き方を五段階に分けています。

一【生活のための百姓】二【芸術化の百姓】三【詩的情操化の百姓】四【哲学化の百姓】五【宗教化の百姓】です。

松田はきっぱりと言っています。「以上五根を併せ得た者が真の「百姓」である。生活だけなら二十姓でしかない。早く四十姓に進め、六十姓に届け、八十姓に昇れ、そして百姓に座せねばならぬ」と。

ここで注目したいのは、「生活のための百姓」を最下段に位置づけていることです。彼は「生活は低く、事業（百姓仕事）は高く」をスローガンに掲げていました。松田は「いくら所得が増え、生活水準が引き上げられても、この滔々たる世流の誘惑には、百姓嫌いになる」（『農魂の巻』）と見抜いていたのです。松田は貧しさを怖がりませんでした。松田農場では、質素な暮らしに明け暮れました。カネを稼ぐだけなら、農以外の職業の方が有利かもしれませんが、農にはもっともっと豊かな世界があると、五段階で強調していたのです。

このように農本主義者は「農は資本主義に合わない」と自覚していたので、幸せを非経済の世界に求めたのです。それが現代から見ると「求道者」のように見えるのでしょう。その道は天地自然の中にありました。

4　農の本質を守り続けていく

†農の半分を資本主義から外す

農の価値を市場経済で評価するなら、農産物の経済価値だけしか見えません。農本主義者は「農を資本主義の外に出せ」と要求しています。農の価値を市場経済の中だけで計るな、と言い換えてもいいでしょう。それではどうしたらいいのでしょうか。EUの百姓は所得の七〇％以上は、国や州やEUの税金から、直接もらっています。自然環境を守っているという理由で、風景や自然環境の価値や、それを支えている農法に支払われる「環境支払い」という政策があるため、そのようなことが可能なのです。

二度ほどドイツに調査に行ったことがあります。なぜ百姓にだけ手厚い助成をしているのか、ドイツ国民は納得しているのかが知りたかったからです。その真意をつかむことができたのは、ある村を訪れた時のことです。

その村ではリンゴをジュースにして売っていましたが、飛ぶように売れていました。売れている理由は、決して「無農薬栽培で安全だから」「特別な搾り方をしているから」「地元産で新鮮だから」「栄養価値が高いから」「価格が手ごろだから」「パッケージがいいから」などと私たち日本人が考えつきそうなことではなく、「このリンゴジュースを飲まなければ、この村の風景が荒れ果ててしまう」から、町の人たちは買っていくのだそうです。

これにはびっくりしました。食べものの価値は食べものの中だけでなく、むしろ外側の自然や風景にあったのです。これは「食べものは自然のめぐみ」を現代的に表現し直した農業観だと思いました。そこで「ドイツ人は昔からそういう発想をしているのですか」と尋ねると、「いや、一〇年程前から、EU内の農産物貿易が自由化されてから、消費者にも百姓にもこうした見方が出てきたんだ」と話してくれました。

この感覚を政策にするのが政治でしょう。そうなると農の価値として農産物だけでなく、風景や自然環境の価値を組み入れて、住民や国民がその価値を直接支払えばよいのです。これが「環境支払い」の精神です。農の過半を市場経済とは別のところで評価し、対価を支払うというのですから、農を資本主義からはずす政策だと言えるでしょう。

†農業を農に戻す

このリンゴジュースの話は色々なことを考えさせてくれるので、列挙してみます。

①「農村の風景も農業生産物なんだ」という新しい視点を持ち込んでいます。（しかし、もともと農とはそういうものだったのです。交換価値のあるものだけが生産物だと強調し始めたのは、資本主義社会になってからです）

②農の評価を全面的に市場経済に任せると、風景の価値が漏れてしまうので、国民がちゃんと直接評価しています。（市場というものはもともとその程度のものだったのに、余りに力を与えすぎたことを反省するきっかけに風景や自然環境がなりました）

③百姓と消費者（国民）が、ともに風景を守るための負担を分かち合う精神が生まれています。（農の対価は市場で支払済だという思い込みが覆されています。市場を超えていく方法が見えてきています）

④風景や自然環境を「この村の風景を守るため」というようにパトリオティズムによって評価し、表現しようとしています。それは農産物を通しての「気持ちの交流」として現れてきています。（決してパトリオティズムが百姓だけのものではないと証明されているのは画期的なことです）

⑤風景や自然環境を支えてきた労働に対して対価が払われようとしています。（いわゆるただ働きが解消されようとしています）

ＥＵでは風景や自然環境まで「農業生産物」だと見なして「環境支払い」を実施する農業観の転換が、なぜ実現できているのか、その理由がよくわかります。ヨーロッパと日本とは自然観がちがう、自然環境を対象化してその価値を合理的に説明する文化が発達している、近代化が一〇〇年以上も早く始まった西洋では近代化への「反省」も早く始まり深まっている、などを理由に挙げて、「日本では時期尚早だ」と言い訳している場合ではないでしょう。

以前、東京駅でカリフォルニア米の輸入弁当が売られていました。この弁当を買って、東北や北陸の農村風景を車窓に見ながら、列車の中で広げて食べる旅行客（と販売していたＪＲ）とは正反対です。

†日本の風景の守り方

風景とは、天地自然と人間の関係の現れです。現代の日本はどうでしょうか。新潟県では「みどりの畦畔づくり運動」が県庁の音頭で行われています。田んぼの畦に除草剤が散布されるようになり、（平坦部では七〇％を越えています）見苦しい風景になってしまったからです。除草剤を使用せずに、従来のように畦草刈りをしましょうと呼びかけているのです。

しかし、新潟県は稲作の近代化の先進県です。全国に先駆けて、畦に除草剤を散布することによって、労働時間を省き、低コスト稲作を実現してきたのですから、農水省から見れば優等生です。それはあくまでも資本主義の尺度で見た場合の優良事例であり、カネにならない風景への影響を考慮に入れない農業技術や農政には、重大な欠陥があったことを証明していいます。こういう世界を守るためには、「環境支払い」が必要なのです。「畦に除草剤を散布せずに、年四回以上の畦草刈りをしている田んぼには、五〇〇〇円／一〇アールの環境支払」を実施すればいいのです。国民に対しては、「草刈りによって、きれいな風景が保たれ、畦には野の花が咲き乱れ、生きものたちのすみかが守られます」と説明すればよいのです。

†一〇〇年後の未来の姿

ここで一〇〇年後の社会を農を中心にして、内からと外からのまなざしを交えて、描いてみましょう。

①人口は三分の一に減っても、百姓する人は国民の大半になっています。農地は在所で共有され、多くの人に提供され、百姓はあこがれの職になっています。

②多くの人は食べものを中心に可能なかぎり自給を心がけています。外国からの食料輸入

はほとんどなくなり、輸出は食料が足りない国や地域へのものだけになるでしょう。

③カネがなくても食べていくだけの支えは、在所で得られるようになっています。小さな商店街も活気に溢れています。

④時間はゆっくり流れ、効率を競うことはなくなり、そもそも競争する必要がない世の中になっています。

⑤天地自然への没入は、欠かせない習慣になっています。都市の中にも農地は至るところに造成され直しています。

⑥天地有情の風景は豊かに取り戻され、日本国のどこに行っても、きれいな落ち着いた風景になっています。

⑦在所の天地自然からいただいた薪や落ち葉や草や柴などが主なエネルギー源となり、手入れは行き届いています。化石エネルギーはとくに重要な分野や災害時の利用に割り当てられています。農業に割り当てられるのは、干拓地の排水ポンプぐらいのものでしょう。

⑧水車や堆肥の熱やガス、菜種や大豆の油、太陽熱などはしっかり利用され、エネルギーの利用そのものもずいぶん少なくなっているでしょう。

⑨政治は在所で自治が行われ、平成の大合併で大きくなった市町村の領域は、人口が数百〜数千人の単位（昔の大字ぐらい）で再編成されています。国家は在所連合の形で、その

権限は極めて限られているでしょう。

⑩輸送機関は、自力で動くことが主となり、自動車はほとんど限られた分野でしか動いていません。

⑪有機農業があたりまえの農法となっており、農薬や化学肥料は必要最小限の使用となっています。農業技術は生産性を否定して、天地自然のめぐみが永く続くような心がけを主体とするようになっています。

⑫教育は、地域を基盤にして再編成され、農は必須科目になっています。

⑬「資本主義遺産」が認定され、懐かしい観光地となっています。

⑭農は天地に浮かぶ大きな舟となり、みんながこの舟に乗っていることを自覚しているでしょう。

私という一人の農本主義者が想い描いた未来図にすぎませんが、決して荒唐無稽ではなく、現実味を帯びてきているのはありがたいことです。

終章

新しい農本主義——常識を新生する

かつての農本主義の財産を引き継いで、新しい服にも着せ替えながら、ここまでたどり着きました。新しい農本主義が必要とされる時代になったことは、必ずしもいいことではありません。農の本質（原理）が見失われているからこそ、農本主義は立ち上がるのですから。

1 新しい「天地自然観」と「農業観」

現代では、農は不思議な仕事に見えます。人間の思い通りにはなりませんし、それがまたいいことだと感じるものだからです。他の産業とはまったく別の、独特の世界を抱えているのです。農は天地に浮かぶ舟だとしても、この舟からの眺めこそ、語らなければなりません。まずは、この舟から、天地自然を眺めることによって、この舟（農）がどのように天地に浮かんでいるかも明らかになるでしょう。

†「天地自然」を対象化しない

たしかに「自然」という言葉にも問題の根はあります。もともとの Nature（自然の原語）とは、神と人間（人造物を含む）以外を指す言葉だったので、私たちは「自然」と言った途端に、自然を外から対象として見てしまうのです。それにもかかわらず、日本人の多くが「人間も自然の一員だ」と思っているのは、とても面白く、また嬉しいことです。なぜなら「自然」を人間を含む「天地」の意味で使い続けているからです。これほど自然を対象化する西洋由来の科学教育を受けて来ても、天地自然観の根本は変わっていません。

日本人が自然が好きなのは、自然環境そのものが好きだということもありますが、その自然が「自然な感じだから」好きだという、両方が含まれているのです。前者は外から見えますが、後者の「自然な、自然に、自然の」様子は、内から感じるものです。

農とは「自然に」営まれるものです。もちろん手入れという仕事は人為ですが、人為と自然を分けることなく天地と呼んでいた日本では、百姓の手入れも自然になされていました。いや自然になされなければならなかったのです。だからこそ、農本主義は無人トラクターや翅のない天道虫の育種に嫌悪感を抱きます。これは農の本質（原理）から逸脱しており、自然ではないからです（この場合の自然も両方の意味を含んでいます）。

稲がずんずん育っていきます。科学的に稲を分析して、葉面積が広がり葉緑素が増え、養分の合成効率が上がったと説明されても、稲という生きもののいのちは見えません。その稲に天地自然はどのようにかかわったか、稲はそれをどう受けとめたのか、その全容はわかりません。しかし、毎日稲に会って、見つめて、話しかければ、わかるような気がします。農とはそういう世界で営まれているのです。

†天地のめぐみを私有化しない

農産物を販売したら、その売り上げは生産者である百姓が手にします。だから他の産業と変わりはないではないか、と言われるでしょう。しかし、百姓は人間の力ではなく、天地自然の力でできた(とれた)ことがわかっていますから、天地自然に感謝を込めてお返しをします。また来年も同じように、手入れに応えて、めぐみがもたらされるように、お礼をするのです。百姓仕事というものは、お礼・お返しそのものでもあるのです。ここが他の産業と大いに異なるところです。

さらに、農はカネにならないものも生みだしています。こちらを最初から自分のものにする百姓はいません。現代的な所有概念なら、私の田んぼで生まれた赤とんぼは、私が所有を主張できます。私の田んぼの風景は私の手入れによって、落ち着いたたたずまいを見せ、稲の葉のそよぎや畦の花が咲き乱れている光景が出現しますが、誰が見ても無料です。

もし畦に腰を下ろして(農という舟に乗って)、田んぼの風景を涼しい風の中でながめながら、輸入米の弁当を広げる人がいたとしても、「あなたには見せません」と拒否することはしません。農本主義者としては、拒否したい気持ちもあるのですが、天地自然が拒否しないから仕方がないのです。対価を払わない人には供給しないという発想自体が、近代化（資本主義）社会で生まれた発想だから、真似るわけにはいかないのです。

つまり、農という舟には誰でも無料で乗れるのです。ただ乗りしても、拒否はできません。大切なのは、農という舟に乗っていることを自覚してもらうことです。とにかく、難しいことは後にして、まずはこの舟に乗ってみましょう、と呼びかけるのです。

†効率という考え方を捨てる

お玉杓子に話しかけてみます。「日本ではね、労働時間を短くして、生産性を上げないと遅れていると非難されるんだ。君たちが足が生えて来るまでの三五日間は、一時たりとも水を切らさないように、毎日朝と晩にはこうして田まわりをしていることは知っているよね。できればこの時間を減らしたいから、足を生やすのももう二、三日早くしてもらえないだろうか。そうすると田まわりの日数を短縮できるから」。

たぶんお玉杓子はあきれ果てて、断固拒否するでしょう。私たちは「生産性を上げる」ことが、天地自然を傷つけていることに目をつぶっています。その現実を見たくないから、たとえば「生きもの調査」のような、環境を把握する技術の開発には、消極的です。政策の支援も貧弱です。「環境支払い」が遅れていることすら自覚されていません。天地自然にどのような負荷をかけているのか、見て見ぬふりをこれ以上続けるわけにはいかないでしょう。

戦後の農の運動の中で最も深く近代化を批判して始まった有機農業であっても、効率をあげたいという欲望は残っています。「有機農業は生産性が低いと言われないように、生産性の高い有機農業技術を目指すべきだ」と主張する人もいますが、生きものの声を聞くといいでしょう。農薬や化学肥料を使用しないのは、天地自然を傷つけないようにして、天地自然に抱かれるためではなかったのですか、と応じます。

有機農業や自然農法、減農薬農法、環境保全型農業など、さまざまな農法が提案され実践されているのはいいことです。農の本質をしっかり守って、近代化・資本主義化を超えていくために奮闘してほしいと願っています。

†反・機心のすごさ

しばしば二五〇〇年前の『荘子』に出てくる百姓のことを思い出します。その百姓は野菜に水をかけるために、深い井戸に降りて行って水を汲み、上がってきては野菜にかける仕事をくり返していました。通りかかった孔子の弟子が見かねて「はねつるべを使えば、何倍も効率があがりますよ」と助言します。すると百姓は「はねつるべなら私も知っているが、機心が生じるので使わないようにしています。機心が生じると、人間の生まれながらの心を失い、野菜の気持ちがわからなくなるからです」と返答します。孔子の弟子は、すごすごと退散しました。機心とは、機械にたより、効率を求める心のことです。

二五〇〇年前に、農の本質がこれほど鮮やかに表現されていることに感嘆します。荘子は、効率を求める機心によって、人間は自身の本質を失うと警告しているのです。人間の本質が失われるならば、農の本質もわからなくなると言っているのです。人間はつい楽な、安易な、便利な方に流されますが、天地は作物を通して、それを拒否せよと告げているかのようです。

機心が推奨され、花盛りの現代では、この二五〇〇年前の百姓の「反・機心」こそ、近代化と資本主義化に抵抗し、対抗し、反撃していく拠りどころになるでしょう。野菜の気持ちとは、天地の心でもあるでしょう。農とはこれほどに深く、広大なものなのです。だからこそ、人間が、こういう農の世界にあこがれることは、不思議でも何でもありません。

ちなみに、この百姓から反論されてすごすごと退散した孔子の弟子もたいしたものです。百姓の言い分のすごさがわかったのですから。ところが二五〇〇年後の現代の孔子の弟子は、なかなか退散してくれません。

†人間も生きもの

ところで、人間の本質とは何でしょうか。天地自然の下では、人間も生きものです。一般的に「生きもの」と言ったら、人間を除外するのは、近代のゆがんだ見方です。このことを証明してみるのも、農本主義が人間中心主義を乗り越えていくために必要なのです。

虫が花に惹かれるのは、虫と花にそれぞれの理由があるからだと現代人は考えます。虫は蜜を求め、花は受粉を助けてもらうためだと考えます。こうした合理的な思考法では、人間もまた花に惹かれる理由が説明できません。歴史的に見ても百姓が一番野の花に惹かれてきました。圧倒的に接する時間が長かったからですし、その生と濃密にかかわってきたからです。

彼岸花は花の咲く前に畦草刈りをし、花が終わって葉が出る前に次の草刈りをするから、花も際立ち、葉もよく繁ります。刈る時期が少しでもずれると、花や葉を切ってしまいます。刈らないで、草ぼうぼうの畦で草に隠れて咲いている彼岸花はかわいそうな感じがします。こうした花に合わせて百姓が草刈りするのは、花が好きだからです。

百姓（人間）が花に惹かれるのは、人間が生きものだからです。もちろん合理的な説明にはなっていませんが、そう感じるのです。さらに農は、百姓の花に対するまなざしを強くしました。花が咲かなければ実がならない、種が採れないことを言っているのではありません。農が始まって、人間はそれまで以上に、さまざまな花に囲まれて仕事をするようになったからです。農とは、天地自然のめぐみのくり返しを願い、毎年毎年同じことをくり返すのですから、毎年同じ花に出会うものです。人間が出会わない花は、花と呼びません。

人間も生きものだと考えると、食べものも生きもの、風景も生きもの、水や川や山や雲や大空も生きものだと思えてきます。天地自然が生きものなのです。そうです。「天地有情」という感覚は、農が生みだしたものなのです。

†自分を捨てる

ところが、人間は次第に自身が生きものであることを忘れていきます。そして人間であることが嫌になる時があります。「自分を捨てる」とは聖人だけが到達できた世界ではなく、私たち凡人だって、結構その気分は味わっています。この場合の「自分」とは「自我」や「エゴ」や「煩悩」や「とらわれ」を意味しています。あまりいい意味ではありません。つまり生まれたばかりの生きものとしての人間ではなく、ゆがんでしまい、汚れてしまった部分を捨てたいと思う気持ちは誰でも持っています。

天地自然を相手にして、時には抱かれていると、自分を忘れているだけでなく、欲望にとらわれていた自分を捨てているような気持ちになります。自分を天地から見ているような奇妙な視点に立つことがあります。

西郷隆盛の「敬天愛人」や夏目漱石の「則天去私」のように、天地を人間の導き手とした人たちはいっぱいいます。「天然」「天命」「天寿」「天災」「天涯」「天運」などという言葉も人間を突き放しています。江戸時代の百姓・宮崎安貞（私の在所の近くに住んでいました）は『農業全書』の冒頭で、次のように書いています。

「それ農人耕作の事、その理り至りて深し。稲を生ずるものは天なり。これを養うものは地なり。人は中にゐて、天の気により、土地のよろしきに順ひ、時を以て耕作につとむ。もしその勤なくば、天地の生養も遂ぐべからず」。

天地が生きものを育てるのであって、人間ではない。しかし百姓が天地に従わなければ、天地の力は現れない、という意味です。百姓は天地の中で生きているという実感がこもっています。そうです。これは農本主義の第三原理そのものです。こういう見方ができれば、いつでも自分を捨て、そしてまた人間に戻ることもできるのです。農という舟は、それがいつも、そこで、あたりまえにできる場なのです。そしてなぜ、それほど天地はすごいのかと言えば、農という舟を浮かべてくれているからです。

†天地自然の采配

田植えの時に、どうしても苗は余り、捨てざるをえません。種を播いた野菜は間引かなければなりません。育てた家畜は殺さねばなりません。かわいそうだと思いますが、しかたがないことです。米や野菜や肉を食べるときに、こうした悲しみを思い浮かべることはないでしょう。百姓が全部引き受けているからです。百姓は引き受けながらも、このことに悩まなくていいのは、天地がそーっと包んでくれるからだというしかありません

田植えは、素人が苗を植えても、ちゃんと育ちます。天地自然が育ててくれるからです。田植えをしていた子どもたちが尋ねてきます。「なぜ、田んぼにはこんなにいっぱい、生きものがいるの」と。天地自然が生きものを育てていることはわかりますが、なぜこんなに生きものを育てているのかは、わかりません。「生きものに聞いてみろ」と答えるしかありません。

農とは不思議ないとなみです。人間が考えついたとはどうしても思えないことばかりです。たとえば、稲はもとは森の中の日陰の草だったそうです。それがどうでしょう。水の中で、暑さをものともせず育ち、あんなに大粒の米を稔らせます。野生の稲を見たことがあるので、なおさらそう思えるのです。この間に約一万年が経過しましたが、これは人間

の力で「改良」したのではなく、天地の采配だったのかもしれません。
私たちには、天地自然の姿はよく見えますが、天地自然の采配は、どんなに科学が発達してもわかりません。ただ生きものたちは、それを伝えてくれているようです。田植えをするとすぐに、待っていたかのように精霊とんぼ（赤とんぼ）が卵を産み始めます。百姓になったばかりの頃の私は、まるで赤とんぼのために田植えを促されているような気になったものです。その時に詠んだ歌です。

夏来れば　田を植えさせる　赤とんぼ　我もなりたや　天地の使者に

百姓でない人まで、農にあこがれるのは、農には人知を超えたものがあると勘づいているからでしょう。なぜなら、農は、天地自然の一部であり、深いところで人間の力ではないものによって運行しているからです。だからこそ百姓は、「自然に生きている」ように見えるのです。農にあこがれるのは、生きものとして自然な感情なのです。

2　ささやかな人生が社会的な価値を持つ理由

百姓は自分の人生に社会的に価値がある、と評価してもらおうとは思いません。しかし百姓がどう思おうと、天地自然を支える役割は社会的な価値を持ってしまうのです。百姓はまるで、一人一人が天地を支える人間として、天地の使命を帯びてこの世にもたらされてきた者のようです。

競争しない方を選ぶ

コンクールは一つの尺度をもとに価値づけるために行われるイベントでしょう。楽しみでやるならそれもいいでしょうが、現代日本では、ほとんどの競争が経済価値に収斂されていきます。競争しない生き方は、競争する生き方よりも難しくなっています。そもそも天地自然のカネにならない世界は競争を拒否しています。

田んぼで生まれる赤とんぼの数を競うことは虚妄です。私は毎年田植え後三五日から四五日まで、毎朝羽化した赤とんぼのヤゴの抜け殻を数えていますが、その数は毎年大きな変動を見せます。その理由は私にもわかりません。天地は知っているのでしょうが、私には教えてくれません。こういう世界で「全国赤とんぼ羽化数コンクール」という行事は面白いとは思いますが、競争にはなりません。

産地間競争が当然だという顔を百姓もします。しかしこれは品質や技を競っているように見えますが、決着は経済で決まります。資本主義では市場に国境を設けることは、過渡的な方便だとされており、今日の金融経済ほど露骨ではありませんでしたが、資本主義とは一貫して、市場のグローバル化を目指してきました。

それに対して、農本主義は外国とも競争をしたくないし、国内でも競争はやめたいと考えます。その理由は明白です。天地自然の力でめぐみをいただいている身でありながら、天地自然を無視した人間の力だけの競争は、天地自然に無礼です。人間の傲慢です。それは天地自然の迷惑を考えておらず、天地自然が傷つくことをまったく考慮に入れていないからです。

需要と供給が均衡している福岡県にも、他県から米がいっぱい売り込みに来ています。その結果溢れた福岡県産米は、さらに沖縄県などに売り込まれており、どう考えても、グローバル経済の練習を国内で行っているようなものです。

†天地に埋もれて生きて死んでいく

百姓をしていると「自己実現」とは一番遠い世界に生きているような気がします。世間から認められ、自分自身にも誇りを持つことに生きがいを感じる人生がそんなにいいとは思えません。この場合の世間とは資本主義社会でしょうし、自分自身の誇りの尺度も資本主義の尺度で計れるものでしかありません。

百姓がもっとも幸せを感じるのは、天地自然に没入して、幸せかどうかも忘れているひとときです。自分が人間であることを忘れている状態が一番の幸せだとすると、「自己実現」などは影も形もありません。百姓が気になるのは、自分自身のことよりも、天地自然のことです。

今年はお玉杓子が少ないな、赤とんぼが少ないいな、と気になる年があります。しかし翌年になって、元に戻ると、深い安堵感に包まれます。越後の僧・良寛の辞世の歌は、百姓の感性にぴったりと重なります。

形見とて　何を残さん　春は花　山ほととぎす　秋は紅葉葉

形見に残すものは何もないが、せめて天地の四季折々の有情だけは残すことができるかな、というのです。百姓なら、天地の一部として田畑や山が入るでしょう。社会の土台となって生きて、死んでいくことは、こういうことではないでしょうか。

†ただ、引き継ぐだけ

先人が考え出した「歯車」を引き継いだから「発電機」や「自動車」が生まれました。

先人が手中にした「火」を引き継いだので「油」や「ガス」を利用できるようになりました。先人が天地自然と人間のつきあい方を、つまり「農」を創造してくれたので、私たちは天地を引き継ぐことができました。「えっ、天地を引き継ぐって、どういうこと」と思うかもしれません。

農とは、天地の引き継ぎ方だと言ってもいいでしょう。天地に浮かぶ舟をいつも浮かんでいられるように、百姓は天地に働きかけてきたのです。ひとりひとりの百姓の力は微々たるものですが、集まれば天地もそれに応えてくれます。最近知った外からのまなざしで、感動的な話を紹介します。

アジアモンスーン気候とは、インド洋から生まれた水蒸気がヒマラヤ山脈に当たって雲になり、西風に吹かれて、東南アジアに雨を降らせるものですが、アジアの水田がこの水蒸気の発生に輪をかけるので、いよいよ雲が多くなり、雨が多くなったというのです。天地は、百姓が知らないところで、きちんと応えてくれていたのです。私の田んぼの上に降る雨は、アジアの百姓が届けてくれていたとは、ありがたいことです。そして、私の田んぼから空に昇っていった水蒸気もまた、どこかで雨になって大地を潤しているのです。

そういえば赤とんぼ（西日本の精霊とんぼ・盆とんぼ）だって、燕だって、（そして雲霞（ウンカ）という虫も）毎年東南アジアから渡ってきてくれるのですから、天地を引き継ぐということは、たしかに人知を越えた規模を持っています。

北海道で見られた精霊とんぼは、じつは私の田んぼで生まれた後、はるばると旅を重ねてたどり着いたものです。しかし、確かめようがありません。私という百姓が、田んぼの上を飛び交っている赤とんぼとそういう話をしているだけです。

百姓は在所の天地を引き継ぐだけで、天地はそれをあまねく世界に広げてくれます。このスケールの大きさには脱帽します。

3　新しい農本主義は静かにたたずむ

やがて農の危機が去り、農本主義があたりまえになると、意識しなくなり、思想としてはおぼろげになって、ただ立ちこめているだけのものになるでしょう。

†あなただけのものでいい

これまで農本主義という考え方、生き方があったことを語ってきましたが、私の体でつかんだ限りでの表現でしかないことはやむをえません。ひとりひとりの農本主義というものがあるはずです。それは百姓でない人も持つことができるものです。そうは言っても、何か共通のものはあるにちがいありません。とかく主義主張は、違いを強調し、自分の方が優れていると言いたがるものです。だから、これからの農本主義者は徒党を組もうとは思いません。昭和初期の農本主義者たちも集合離散をくり返して、心まで消耗していったことを知っているからです。

ひとりひとりの農本主義でいいのです。「運動」になると、人に合わせないといけなくなって、疲れてしまいます。ひとりひとりのものなら、自在に時空を超えて、人間を超えて、天地自然の中を飛び回ることができます。ひとりひとりが自在につながり、ゆるく支えあえばいいのです。

†社会構想は、天地自然とあなたの間にある

「未来予測」は既存のデータからはじきだされたもので、現時点では一応「客観的」なもので、誰のものでもありません。結構はずれますが、責任問題にはなりません。しかし「未来構想」「社会構想」はその人のものです。その人がこうしたい、こうなってほしいという願いの結実ですから、はずれるとか当たるとかいう世界ではありません。自分が未来のために何をするのか、未来の人間がそれを喜ぶか、無視するかが重要です。

これまでは百姓が考えた「未来構想」など発表されることは希でした。その人が家族や友人に語っておればそれで済むものだったのです。しかもそのほとんどは、在所の天地自然と人の関係のことですから、他人に披露する必要もないものです。

それなのに、政府や県や市町村は勝手に「マスタープラン」なるものをたてます。それぞれの在所の「未来構想」の策定を支援した後に、それをまとめて行政単位のものにするならいいのですが、最初から行政単位です。これを変だと感じないのは、地方自治体が中央政府のスタイルを模倣しているからです。

したがってマスタープランは、徹頭徹尾外からのまなざしで描かれることになります。これでは、内から見た天地有情の未来図は描けません。百姓がこうしたマスタープランを軽視するのは、天地自然と自分との「契約」に比べれば、あまりにも軽薄に感じるからです。天地自然の未来図は、天地自然と在所のひとりひとりの人間とのあいだに成り立つ契約のようなもので、心の中にしまわれていて、ときどきは反芻するものなのです。

†新しい農本主義の表現

「農」を農業としてのみ語るのはうんざりです。しかし「農」を「農」として語ることは案外と難しいことです。なぜならまず、内からのまなざしで農を語ることは、個人的な思いに過ぎないと思われます。普遍性や合理性がないと、人は「主義」や「思想」と認めません。でも、それでもいいのです。

農の本体とはあたりまえになりすぎていて、伝えなければならないという衝動がおきにくいものです。「今年も蛙が鳴き出した。代かきが始まったな」ということをいちいち言葉にする必要はありませんでした。しかし、蛙も減り、蛙の鳴き声の意味も価値もわからなくなってくると、「蛙の声は農の本質だ。なぜなら代かき、田植えしないと鳴かないからだ」と言わざるをえないのです。「蛙の鳴き声は、米といっしょに輸入できません」というのも農の表現であり、農本主義の言説になるのです。

さらに農の表現が難しいのは、内からのまなざしの表現も、従来の外からのまなざしによる言葉を借用しないと言葉が足りないからです。資本主義の用語を用いないと資本主義は批判できませんし、農の情愛や情念を語ろうとしても、日頃は語らないので、つい標準語を使ってしまいます。百姓仕事ならともかく、農業技術は官製用語を使わないとまったく表現できません。これは悩ましいことです。

大切なのは用語ではありません。内からのまなざしを外部の言葉で語ったとしても、それは内と外の両方のまなざしが交わっていると自覚することです。いかに深く豊かに、内からのまなざしを語るかが大切です。この本はその試みのひとつです。

†新しい「伝統」とは

「伝統」という日本語は明治時代に生まれました。近代化の中で、それまでの生き方や技や文化が壊れ始めて来て、守らなければならないという運動が生まれた時に、滅びていくもので滅ぼしてはいけないものに贈る言葉として、造語されたのです。

昭和二年に天皇がはじめて赤坂離宮の一角を開田して、「田植え」をしました（翌年皇居に移転）。高天原では、稲作が行われていましたから、古代の神々は田植えをしていたでしょうが、実在の天皇が田植えをしたのは、史上初めてではなかったでしょうか。昭和天皇の真意はわかりませんが、たぶん新しい伝統をつくりたかったのではないでしょうか。ひょっとすると、昭和天皇は農本主義者・権藤成卿の『自治民範』の次の箇所を読んでいたのかもしれません。

天皇も親耕せられた、后妃も織室にあたられたのは、実に我が太古の有様であった。

昭和天皇は明治以降の近代的な天皇制を、自らが創作した伝統で日本に定着させようとした努力の人だったのです。「伝統」と言う以上、これからも引き継いでいくべきものという覚悟が示されなくてはなりません。やめてしまえば伝統ではなくなります。「○○遺産」に成り下がります。

しかし私たちは農の近代化過程で、守らなければならないものをどれだけ「伝統」に仕立ててきたでしょうか。そこには危機感と、覚悟が足りなかった気がします。時代遅れの昔の風物だけを伝統と呼ぶ程度の感覚では、有形財だけが型どおりに保全されるだけでしょう。そうではなく、ありふれた形がないものをも伝統にすることはできないのでしょうか。

†これからの「伝統」をつくる

それにはまず、伝統になるべき母体を破壊しようとするものに抵抗するところから始めるしかないのです。その抵抗の過程で生まれてくるものが「伝統」になるのです。たとえばウスバキトンボ（薄羽黄とんぼ）と言われて、「ああ、あのとんぼか」と思い浮かべることができる百姓はほとんどいないでしょう。しかし精霊とんぼ、盆とんぼ、赤とんぼと言えば、すぐに目に浮かぶとんぼがいます。日本の学会は生物の名前をカタカナ書きに統一しようとしていますが、伝統化するよりも近代化することを重視しています。

田植え後四〇日から四五日に経つと、急に在所の空をおびただしい数の精霊とんぼが飛び交うことになります。ちょうど盆の前にあたります。精霊とんぼ、盆とんぼという名前には「そうか、このとんぼは先祖の霊を乗せてやって来てくれたんだ」と感じる気持ちがこもっています。「秋津島瑞穂の国」の秋津とは、このとんぼのことです。これを伝統に仕立てようとした最初は三木露風の「赤とんぼ」の詩と山田耕筰の曲でした。日本人の赤とんぼ好きに拍車をかけた歌が生まれたのです。

しかし、日本人が赤とんぼを好きになったのは、この歌のせいではありません。日本の赤とんぼのうち五〇％ほどが西日本に多いこの精霊とんぼで、四〇％が東日本に多い秋茜だと思われてきました。どちらも田んぼで生まれます（精霊とんぼ・盆とんぼの方は本土では越冬できず、毎年東南アジアから飛来して田植え後の田んぼに産卵します）。百姓が田んぼに行くと寄ってくる人なつっこいとんぼです。百姓はいつもこのとんぼに囲まれて暮らしてきたのです。赤とんぼへの情愛は伝統化を待っています。

若い百姓に「赤とんぼは好きか」と尋ねると「べつに何とも思わない」という答えが圧倒的に多くなりました。現在、秋茜が激減しています。しかしTPPに対する危機感に比べれば、農業関係者の危機感は微塵もないでしょう。私は赤とんぼを本気で「伝統」に仕立てるための画策をもう二〇年以上もやって来ました。「日本国内で生まれている赤とんぼは、多い年には二〇〇億匹以上になります。その九九％は田んぼで生まれています」と言い続けてきたのは、このとんぼに向けられて来たまなざしを「伝統」にするためでした。一〇〇年後に引き継ぐ価値のあるものは、カネにならないものの一切でしょう。一〇〇年後から見るなら、現代の農業は、「資本主義に合わせざるをえないと考える百姓が多数を占めた悲しい時代だった。しかし、それでも彼らは資本主義に合わせながらも、合わせてはいけない世界と理屈をやっとつかみだし、どうにか伝統に仕立てて残そうとしてくれた」と振り返られるでしょう。

農本主義の仕事の一つは、新しい伝統の創造です。日本各地に静かに広がりつつある「田んぼの生きもの調査」は百姓仕事の中で、生きものへのまなざしを強める手段です。したがってデータをとる目的のためにやるものではありません。毎日の百姓仕事の中に組み込むものであり、仕事の土台として新しい伝統にすべきものです。なぜならそこで目を合わせる生きものが、それを要請しているからです。

4　農は天地に浮かぶ大きな舟なんだ

たびたびくり返してきたように「農とは天地に浮かぶ大きな舟」です。この舟は人間の

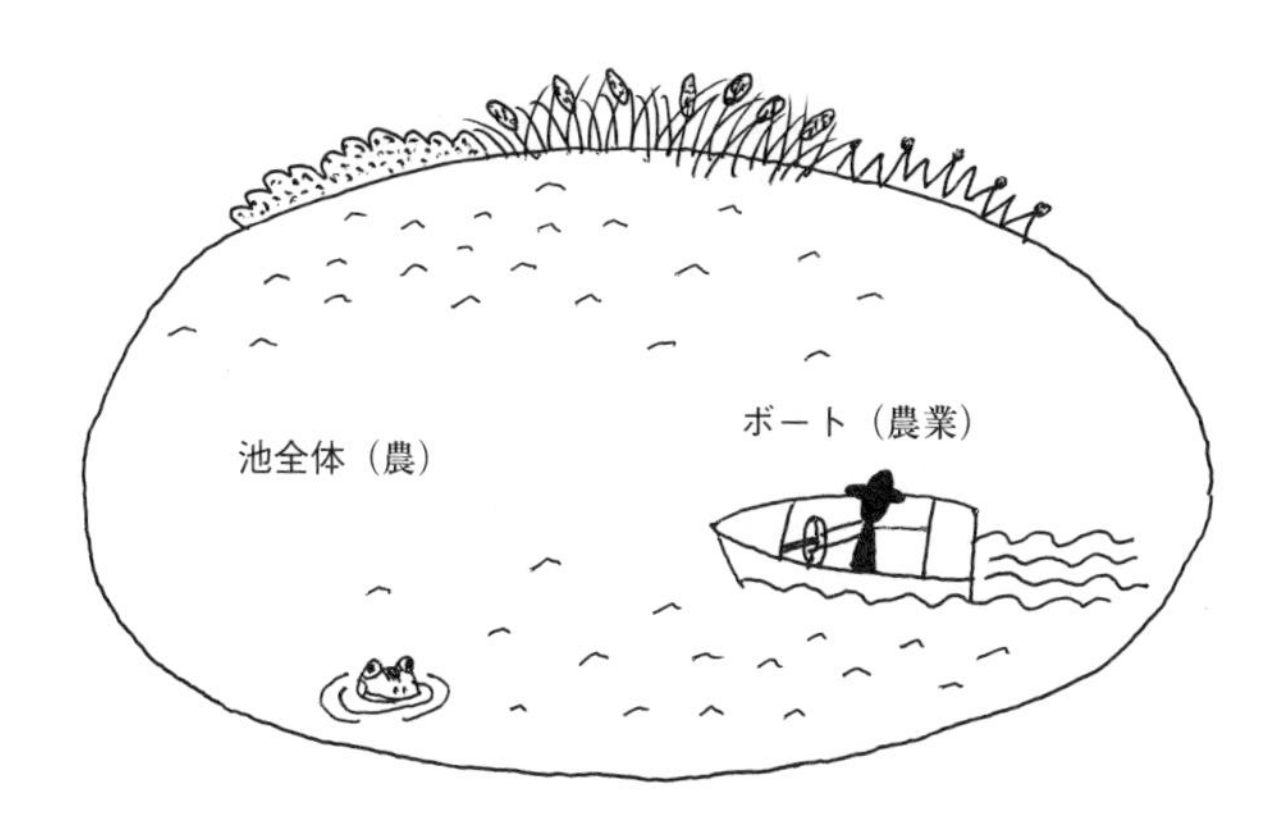

力で動いているのではありません。天地自然の力で動き、天地の采配で向きを変えます。

†なぜ農という舟に乗っていることを忘れたのか

「農は天地に浮かぶ大きな舟」という表現を思いついたのは、農と農業の違いを上のようなイラストで説明していた時のことです。「大きな池に、ボートが浮かんでいるとしよう。ボートが農業で、ボートも含んだ池全体が農だ」というものです。これはわかりやすいたとえだったのですが、次に農と天地自然の関係を説明しようとして、このイラストではできないことがわかりました。そこで、天地に浮かぶ農という舟に、農業というボートを積んでいるとしたのです（二七ページのイラストをもう一度見てください）。

農本主義とは「農」を、農業ではなく、農と見る見方を取り戻すことです。たしかに農業も「農」という舟の一部だったのですが、それを農全体に広げようとする近代化主義者の策略は、失敗しました。近代化とは「農の農業化（産業化）だったんだねぇ」というのが現代の百姓の感慨です。それは「資本主義化だった」と言い換えると、もっと近代化の本質がはっきりします。

しかし、不思議なものです。どんなに農をカネに換えようとしても、どんなに近代化しようとしても、すればするほど、そうはできない世界が見えてきたのですから。農には近代化できない、市場経済では評価できない世界がある、いやそういう世界こそが「農」の本質なんだという気づきは、決して荒唐無稽ではありません。

ずいぶん前に福岡市では渇水を解消するために、市内の田植え用の水を買い上げたことがありました。もちろんその年の田植えは全面的に中止されました。するとその夏、市民からは「暑くてかなわない。稲の緑も水も見えない」という苦情が殺到しました。農という舟は涼しい風や緑したたる風景も乗せていたというわけです。

でも、この舟に乗っていることを、私たちは近代化の過程で忘れてきたのではないでしょうか。産業という農業にばかり目が行くようになったためです。農本主義者はこの狭くなった視野を元に戻そうと主張しているのです。

†この舟はどこに向かうのか

この舟には近代的なエンジンというものが装備されていません。その必要がないからです。ところが積んでいるボート（農業）に、資本主義というエンジンを積んで、農という舟の先からロープで引っ張って、スピード（効率）を上げて、他産業に太刀打ちしようとしたのが「近代化・産業化・資本主義化」でした。天地自然が困惑したのも無理もありません。

この舟の動きは、天地自然に任せるしかありません。もちろん百姓がゆっくり艪をこぐこともあっていいでしょうが、それも天地自然の法の範囲の早さを超えることはありません。短い間でしたが、近代という異常で異形な時代が終わろうとしています。未来を悲観することはありません。この大きな舟に乗っていれば、一〇〇〇年後までとは言いませんが、少なくとも一〇〇年後は見渡せます。

でも、この舟はどこに向かおうとしているのでしょうか。この舟に聞いてくれ、というしかありません。そうそう、この舟自体が生きものなのですから、やはり天地自然に聞くしかないでしょう。

農本主義者とは、「みんなは、農というこの舟に乗っているんだ」と静かに断言する人間のことです。「そうか、この舟に乗っていることを自覚した途端に農本主義者になるんだね」と気づいてもらえたなら、この本は役目を果たしたことになります。

おわりに

「入門書」のつもりだったのですが、ずいぶんと掘り下げたものになりました。私としても、農本主義については、これ以上のものは書けないと思うほどです。百姓向けの本しか書いてこなかった私ですが、農本主義の本を一般向けの新書で書くことになるとは思ってもいませんでした。だからと言って、とくに書き方を変えたところはありません。「農の本質」は百姓でない人にも、案外わかりやすい世界ではないかと感じたからです。

田畑を見たことのない人や、食べものの産地をまったく知らない人は、この国にはいないでしょう。田んぼの風景を思い浮かべ、食べものの故郷に思いをはせながら、天地自然と人間のつながりを深めることが、嬉しいものだと実感してもらえたでしょうか。

今年も毎朝田まわりをするついでに、精霊とんぼ（赤とんぼ）の抜け殻の数を二〇日間調べました。合計すると二四〇株で二九四でしたから、一〇アール（一〇〇〇㎡）では一九〇〇〇匹になります。多くもなく、少なくもない年でした。この風景には何の意味や価値がなくてもかまわないでしょう。私だけの世界として、これからもずーっと繰り返されるならば。

ところが、こうしたありふれた世界（農の本質）が、「なくてもいい」「ムダな価値だ」と切り捨てられるなら、農本主義は台頭せざるをえません。しかし、赤とんぼの「敵」は眼に見えにくいものです。それが見えるようにするのが、農本主義というものです。

大規模に農業をやっている友人が「あなたの言う農本主義には共鳴する。しかし、私も含めほとんどの百姓は、資本主義の競争社会で生き延びるのに悪戦苦闘しているんだ」と言います。私も「うん、よくわかる。農業経営も悲しいんだな」と応じます。農にはない悲しみを、農業は背負い込んでいます。

農という舟には、資本主義から落伍したくないと懸命に奮闘している農業も乗っています。資本主義末期のつらい時代を、この舟は渡っているのです。できる限り多くの人間と有情を乗せたいと願いながら。

この本は友人の岩本明久さんが、ちくま新書で力作を書いている山下祐介さんを紹介してくれ、さらに山下さんが筑摩書房の松田健さんに、私を推薦してくれたのがきっかけで生まれました。三人との出会いに感謝しています。さらに、具体的に編集を担当してくれた橋本陽介さん、絵を描いてくれた小林敏也さん、それに一緒に百姓しながら原稿を見てくれた妻・公代にお礼を伝えます。

ちくま新書
1213

農本主義（のうほんしゅぎ）のすすめ

二〇一六年一〇月一〇日　第一刷発行

著者　宇根豊（うね・ゆたか）

発行者　山野浩一

発行所　株式会社 筑摩書房
東京都台東区蔵前二-五-三　郵便番号一一一-八七五五
振替〇〇一六〇-八-四一二三

装幀者　間村俊一

印刷・製本　株式会社 精興社

乱丁・落丁本の場合は、左記宛にご送付ください。
送料小社負担でお取り替えいたします。
ご注文・お問い合わせも左記へお願いいたします。
〒三三一-八五〇七　さいたま市北区櫛引町二-六〇四
筑摩書房サービスセンター　電話〇四八-六五一-〇〇五三

ISBN978-4-480-06922-1 C0261

ちくま新書

085 日本人はなぜ無宗教なのか　阿満利麿

日本人には神仏とともに生きた長い伝統がある。それなのになぜ現代人は無宗教を標榜し、特定宗派を怖れるのだろうか？　あらためて宗教の意味を問いなおす。

660 仏教と日本人　阿満利麿

日本の精神風土のもと、伝来した仏教はどのように変質し血肉化されたのか。日本人は仏教に出逢い何を学んだのか。文化の根底に流れる民族的心性を見定める試み。

445 禅的生活　玄侑宗久

禅とは自由な精神だ！　禅語の数々を紹介しながら、言葉では届かない禅的思考の境地へ誘う。窮屈な日常に変化をもたらし、のびやかな自分に出会う禅入門の一冊。

783 日々是修行 ――現代人のための仏教一〇〇話　佐々木閑

仏教の本質とは生き方を変えることだ。日々のいとなみの中で智慧の力を磨けば、人は苦しみから自由になれる。科学の時代に光を放つ初期仏教の合理的な考え方とは。

1145 ほんとうの法華経　橋爪大三郎　植木雅俊

仏教最高の教典・法華経が、サンスクリット原典から全面改訳された。植木雅俊によるその画期的な翻訳の秘密に橋爪大三郎が迫り、ブッダ本来の教えを解き明かす。

936 神も仏も大好きな日本人　島田裕巳

日本人はなぜ、無宗教と思いこんでいるのか？　神道と仏教がどのように融合し、分離されたか、その歴史をたどることで、日本人の隠された宗教観をあぶり出す。

1201 入門　近代仏教思想　碧海寿広

近代日本の思想は、西洋哲学と仏教の出会いの中に生まれた。井上円了、清沢満之、近角常観、暁烏敏、倉田百三らの思考を掘り起こし、その深く広い影響を解明する。

ちくま新書

068
自然保護を問いなおす ——環境倫理とネットワーク
鬼頭秀一

「自然との共生」とは何か。欧米の環境思想の系譜をたどりつつ、世界遺産に指定された白神山地のブナ原生林を例に自然保護を鋭く問いなおす新しい環境問題入門。

363
からだを読む
養老孟司

自分のものなのに、人はからだのことを知らない。たまにはからだのことを考えてもいいのではないか。口から始まって肛門まで、知られざる人体内部の詳細を見る。

968
植物からの警告
湯浅浩史

いま、世界各地で生態系に大変化が生じている。植物と人間のいとなみの関わりを解説しながら、環境変動の実態を現場から報告する。ふしぎな植物のカラー写真満載。

1137
たたかう植物 ——仁義なき生存戦略
稲垣栄洋

じっと動かない植物の世界。しかしそこにあるのは穏やかな癒しなどではない！　昆虫と病原菌と人間の仁義なきバトルに大接近！　多様な生存戦略に迫る。

1157
身近な鳥の生活図鑑
三上修

愛らしいスズメ、情熱的な求愛をするハト、人間をも利用する賢いカラス……。町で見かける鳥たちの生活には、発見がたくさん。カラー口絵など図版を多数収録！

1095
日本の樹木〈カラー新書〉
舘野正樹

暮らしの傍らでしずかに佇み、文化を支えてきた日本の樹木。生物学から生態学までをふまえ、ヒノキ、ブナ、ケヤキなど代表的な26種について楽しく学ぶ。

584
日本の花〈カラー新書〉
柳宗民

日本の花はいささか地味ではあるけれど、しみじみとした美しさを漂わせている。健気で可憐な花々は、知れば知るほど面白い。育成のコツも指南する味わい深い観賞記。

ちくま新書

1087 日本人の身体　安田登
本来おおざっぱで曖昧であったがゆえに、他人や自然と共鳴できていた日本人の身体観を、古今東西の文献を検証しつつ振り返り、現代の窮屈な身体観から解き放つ。

1192 神話で読みとく古代日本　——古事記・日本書紀・風土記　松本直樹
古事記、日本書紀、風土記という〈神話〉を丁寧に読みとくと、古代日本の国家の実像が見えてくる。精神史上の「日本」誕生を解明する、知的興奮に満ちた一冊。

876 古事記を読みなおす　三浦佑之
日本書紀には存在しない出雲神話がなぜ古事記では語られるのか？　序文のいう編纂の経緯は真実か？　この歴史書の謎を解きあかし、神話や伝承の古層を掘りおこす。

929 心づくしの日本語　——和歌でよむ古代の思想　ツベタナ・クリステワ
過ぎ去った日本語は死んではいない。日本人の世界認識の根源には「歌を詠む」という営為がある。王朝文学の言葉を探り、心を重んじる日本語の叡知を甦らせる。

952 花の歳時記〈カラー新書〉　長谷川櫂
花を詠んだ俳句には古今に名句が数多い。その中から選りすぐりの約三百句に美しいカラー写真と流麗な鑑賞文を付し、作句のポイントを解説。散策にも必携の一冊。

1073 精選 漢詩集　——生きる喜びの歌　下定雅弘
陶淵明、杜甫、李白、白居易、蘇軾。この五人を中心に、深い感銘を与える詩篇を厳選して紹介。漢詩に結実する東洋の知性と美を総覧する決定的なアンソロジー！

1187 鴨長明　——自由のこころ　鈴木貞美
『方丈記』で知られる鴨長明には謎が多い。彼の生涯を仏教や和歌の側面から解釈しなおし、真の自由ともいえる、その世界観が形成された過程を追っていく。

ちくま新書

791 日本の深層文化 森浩一
稲と並ぶ隠れた主要穀物の「粟」。田とは異なる豊かさを提供してくれる各地の「野」。大きな魚としてのクジラ。——史料と遺跡で日本文化の豊穣な世界を探る。

713 縄文の思考 小林達雄
土器や土偶のデザイン、環状列石などの記念物は、縄文人の豊かな精神世界を語って余りある。著者自身の半世紀近い実証研究にもとづく、縄文考古学の到達点。

1207 古墳の古代史——東アジアのなかの日本 森下章司
社会変化の「渦」の中から支配者が出現した、古墳時代の中国・朝鮮・倭。一体何が起ったのか。日本と他地域の共通点と、明白なちがいとは。最新考古学から考える。

601 法隆寺の謎を解く 武澤秀一
世界最古の木造建築物として有名な法隆寺は、創建・再建の動機を始め多くの謎に包まれている。その構造から古代史を読みとく、空間の出来事による「日本」発見。

734 寺社勢力の中世——無縁・有縁・移民 伊藤正敏
最先端の技術、軍事力、経済力を持ちながら、同時に、国家の論理、有縁の絆を断ち切る中世の「無縁」所。第一次史料を駆使し、中世日本を生々しく再現する。

1144 地図から読む江戸時代 上杉和央
空間をどう認識するかは時代によって異なる。その違いを象徴するのが「地図」だ。古地図を読み解き、日本の形を作った時代精神を探る歴史地理学の書。図版資料満載。

1210 日本震災史——復旧から復興への歩み 北原糸子
度重なる震災は日本社会をいかに作り替えてきたのか。有史以来、明治までの震災の復旧・復興の事例に焦点を当て、史料からこの国の災害対策の歩みを明らかにする。

ちくま新書

265 レヴィ＝ストロース入門　小田 亮（まこと）

若きレヴィ＝ストロースに哲学の道を放棄させ、ブラジル奥地へと駆り立てたものは何か。現代思想に影響を与えた豊かな思考の核心を読み解く構造人類学の冒険。

200 レヴィナス入門　熊野純彦

フッサールとハイデガーに学びながらも、ユダヤの伝統を継承し独自の哲学を展開したレヴィナス。収容所体験から紡ぎだされた強靭で繊細な思考をたどる初の入門書。

081 バタイユ入門　酒井健

西欧近代への徹底した批判者でありつづけた「死とエロチシズム」の思想家バタイユ。その豊かな情念に貫かれた思想を明快に解き明かす、若い読者のための入門書。

533 マルクス入門　今村仁司

社会主義国家が崩壊し、マルクス主義が後退した今、マルクスを読みなおす意義は何か？　既存のマルクス像からはじめて自由になり、新しい可能性を見出す入門書。

029 カント入門　石川文康

哲学史上不朽の遺産『純粋理性批判』を中心に、その哲学の核心を平明に読み解くとともに、哲学者の内面のドラマに迫り、現代に甦る生き生きとしたカント像を描く。

666 高校生のための哲学入門　長谷川宏

どんなふうにして私たちの社会はここまできたのか。「知」の在り処はどこか。ヘーゲルの翻訳で知られる著者が、自身の思考の軌跡を踏まえて書き下ろす待望の書。

901 ギリシア哲学入門　岩田靖夫

「いかに生きるべきか」という問題は一個人の幸福から「正義」への問いとなり、共同体＝国家像の検討へつながる。ギリシア哲学を通してこの根源的なテーマに迫る。

996
芸人の肖像
小沢昭一
小沢昭一が訪ねあるき、撮影した、昭和の芸人たちの姿。実演者である著者が、芸をもって生きるしかない「クロウト」たちに寄り添い、見つめる視線。写真164枚。

1007
歌舞伎のぐるりノート
中野翠
素敵にグロテスク。しつこく、あくどく、面白い。歌舞伎は〝劇的なるもの〟が凝縮された世界。その「劇的なるもの」を求めて、歌舞伎とその周辺をめぐるコラム集。

1030
枝雀らくごの舞台裏
小佐田定雄
爆発的な面白さで人気を博した桂枝雀の、座付作者による決定版ガイド。演出の変遷、ネタにまつわるエピソード、芸談、秘話を、音源映像ガイドとともに書き記す。

1123
米朝らくごの舞台裏
小佐田定雄
上方落語の人間国宝・桂米朝の、演題別決定版ガイド。舞台裏での芸談やエピソード、歴史を彩る芸人たちの秘話を、書籍音源映像ガイドとともに書き記す。

1121
密教アート入門
真鍋俊照
密教をアートから眺めると、すっきりと本質を理解できる。曼荼羅など視覚美術のみならず、人間の五感に訴えかけて自然と繋がる、秘術の根源がここに明かされる。

835
使える武術
長野峻也
武術の技は、理論とコツさえ理解すれば、年齢性別にかかわらず、誰でも実践できる。発勁、気功、護身術から、日常に生かす身体操作法まで、流派を超えて伝授。

865
気功の学校
——自然な体がよみがえる
天野泰司
気功とは、だれでも無理なく、自然に続けられる健康習慣です。腰痛、肩こり、慢性疲労などの心身の不調を、シンプルな動作で整えるための入門書決定版。